한국의
노벨 과학상은
언제 가능한가

When will Korean win a Nobel Prize in Science?

한국의
노벨 과학상은 언제 가능한가

김상환 지음 박원훈 살핌

솔과학

매년 10월의 첫째 주와 둘째 주가 되면 스웨덴 왕립과학한림원 등에서, 전년도에 인류를 위해 가장 큰 공헌을 한 사람에게, 금메달, 상장 및 상금을 수여할 노벨상 수상자를 발표한다. 이의 소식이 연일 언론의 헤드라인을 장식하는데, 우리가 학수고대하던 한국인의 노벨상 수상 소식은 없고, 다른 나라의 노벨상 수상 소식만 커다랗게 들려와 우리 국민은 무척 실망한다.

노벨상은 물리학, 화학, 생리학 · 의학, 문학, 평화 및 경제학 6개 분야에서 수여되는데, 이들 중에서 물리학상, 화학상 및 생리학 · 의학상을 노벨 과학상이라 부른다. 노벨 과학상을 수상하는 것은 국가의 위상을 세계적으로 드높이고, 국가의 기초과학 및 원천기술의 경쟁력을 상승시켜, 국가의 발전 역량을 전 세계에 과시한다.

지금까지 한국의 노벨 과학상 수상자는 전무하다. 반면에 우리와 이웃한 일본은 지금까지 30명이 노벨상을 수상하였으며, 이중에서 25명이 노벨 과학상을 수상하였다. 수상분야 별로는 물리학상 12명, 화학상 8명 및 생리학 · 의학상 5명이다. 노벨 과학상 이외의 분야에서도 문학상 3명 및 평화상 2명이 노벨상을 수상하였다.

일본은 20세기까지는 10년에 1명꼴로 노벨 과학상을 수상하였으나, 21세기에 들어와서는 매년 1명꼴로 노벨 과학상을 수상하고 있어 일취월장하였다. 예로써 일본은 2000년부터 2002년까지 3년 연속으로 노벨 화학상을 수상하였고, 2002년에는 노벨 물리학상도 수상하여, 3년 연속해서 4명이 노벨 과학상을 수상하는 업적을 이룩하였다. 또한 2014년부터 2016년까지도 3년 연속해서 6명이 노벨 과학상을 수상하는 전대미문의 쾌거를 달성하였다. 이를 살펴하면 2014년에는 3명이 공동으로 노벨 물리학상, 2015년에는 노벨 물리학상과 노벨 생리학·의학상 그리고 2016년에도 노벨 생리학·의학상을 수상하는 업적을 남겼다.

세계 각국의 노벨 과학상 수상자 현황을 살펴보면 일본은 1901년부터 1948년까지 수상자가 1명도 없다가, 1949년에 유카와 히데키(Yukawa Hideki)가 일본 최초로 노벨 물리학상을 수상한 이후에도, 1999년까지 50년 동안 겨우 5명이 노벨 과학상을 수상하는데 머물렀다. 그러다가 21세기 이후에는 수상자가 급격히 늘어 미국 98명, 영국 26명에 이어 일본 16명으로 세계 3위를 차지하는 괄목할 만한 성장을 나타내었다.

이에 비하면 한국은 2000년 김대중 대통령이 노벨 평화상, 2024년 한강 작가가 노벨 문학상을 수상한 것 이외에는 노벨 과학상 수상자가 전무하다. 한국이 노벨 평화상이나 문학상을 수상한 것은 노벨상이란 경기장에 들어선 것에 불과하다. 노벨상 경기장에서 가장 중요한 것은 물리학상, 화학상. 생리학·의학상의 노벨 과학상을 수상하는 것이다. 한국의 노벨상 수상자 수는 2022년까지 전세계적으로 28개국이 공동으로 52위를 차지하는 수준에 머물렀다. 그런데 IMF 기준 31개국의 선진국에 속하면서, 총인구가 1,000만명 이상인 국가 중에서, 노벨 과학상을 수상하지 못한 국가는 안타깝게도 한국밖에 없다. 한국이 명실상부한 선진국으로 발 돋음하고 이를 전 세계에 증명하기 위하여, 빠른 시일 안에 노벨 과학상을 수상하는 것이 국가적인 중요한 과제라 할 수 있다.

일본은 노벨 과학상을 25명이나 수상하였는데 한국은 한 명도 없다는 사실이 안타까워, 앞으로 많은 한국인들이 노벨 과학상에 도전하기 위하여 과학에 대한 호기심을 가지고, 창의성을 개발하여, 과학으로부터 즐거움을 찾고, 과학을 가지고 사회와 국가에 이바지하는 많은 국민이 배출되어, 국가의 위상을 드높이고, 국가에 커다란 영광을 안기며, 전 세계에 자랑할 수 있는 긍지를 가질 수 있기를 기대한다.

한국의 대학교에서 25년 이상 학생들을 가르치고 지도하면서 느낀 바로는, 대부분의 학생들이 호기심도 없이 주어진 매뉴얼에 따라서 천편일률적으로 실험을 수행하고 있어, 창의성이 없다는 것을 발견하였다. 많은 노벨 과학상 수상자들이 이구동성으로 연구에서는 호기심이 제일 중요하다고 강조하고 있다. 따라서 학생들이 호기심을 가지고 창의성을 발휘하여 연구와 실험을 수행하는 능력을 배양하는 것이 매우 중요하다고 생각된다.

이러한 면에서 한국이 노벨 과학상을 수상하는데 작은 초석이라도 놓기 위하여, 그동안 노벨 과학상 수상자들이 어떤 연구를 수행하였고, 노벨 과학상 수상 분야 별로 학문이 어떻게 발전하고 있으며, 한국의 젊은이들이 도전 가능한 연구 분야를 탐색해 보기로 한다. 이와 병행하여 호기심과 창의성을 개발하고, 기초연구에 일관적이며 지속적인 투자를 계속하며, 세계적인 연구자와 네트워크를 형성하여, 우리의 역량을 최대로 발휘한다면, 노벨 과학상 수상의 꿈이 성큼 현실로 우리 앞에 다가올 것이라고 확신하면서, 이에 대한 서적을 출간하기로 결심하였다.

그러나 저자의 일천한 지식으로 노벨상을 수상하는 전 분야에 정통하지 못해 저지르는 오류가 발견된다든지 혹은 분명하지 않은 부분이 있다면 주저 없이 저자에게 알려주면 좋은 서적을 만드는 데 많은 도움이 될 것이라 생각한다.

그동안 이 책을 만드는데 바쁜 시간에도 불구하고 기탄없는 비판과 제안을 해주시고, 더욱이 감수하는 수고를 해주신 전 한국과학기술연구원(KIST) 박원훈 원장님에게 감사의 말씀을 드린다. 아울러 이 책이 세상에 나올 수 있도톡 많은 격려와 응원을 보내주신 건국대학교 법학전문대학원 정기웅 교수에게도 감사를 드린다.

마지막으로 이 책을 만드는 데 노벨상 수상자의 이름과 업적을 정확하게 표시하도록 많은 유용한 자료를 제공하여 주신 노벨재단(Nobel Foundation), 위키피디어(Wikipedia), 위키피디어 한국(Wikipedia Korea), 나무위키(Namu Wiki), 두산백과 두피디아(Doopedia), 네이버(Naver), 한국연구재단(NRF), 경제협력개발기구(OECD), 매일경제(Maeil Business Newspaper), 세계일보(Segye Times) 및 조선일보(Chosun Daily) 등에 진심으로 감사를 드린다.

●**목차**

머리말 • **4**

제1장
세계적인 권위와 명성을 갖춘 노벨상의 탄생

1   노벨상 창설자 알프레드 노벨의 출생 • 16

2   러시아 상트페테르부르크에서 군수업자로 활약 • 20

3   프랑스 튜린대에서 니트로글리세린을 만남 • 23

4   스웨덴 스톡홀름에서 다이너마이트의 발명 • 26

5   젤리나이트 및 발리스타이트 화약의 발명 • 32

6   알프레드 노벨의 화약 이외의 관심 분야 • 35

7   알프레드 노벨의 노벨상 제정 이유 • 40

8   알프레드 노벨의 유언장 • 42

제 2 장
세계적으로 자랑스러운 노벨상 수상자

1   노벨상의 종류   • 53

2   노벨상 수상자 선정 과정   • 56

3   국가별 노벨상 수상자   • 59

4   원자설의 발전 과정   • 64

5   노벨상 중복 수상자   • 67

6   노벨상 부자간 수상자   • 84

7   노벨상 부부간 수상자   • 93

8   노벨상 형제 및 숙질간 수상자   • 99

9   노벨상 최연소 수상자   • 101

10   노벨상 최연장 수상자   • 104

11   노벨상 N관왕에 등극한 단체   • 108

제3장
노벨상 수상에 얽힌 안타까운 사연

1   노벨상 메달 및 상장의 구조 • 115
2   특별한 사연의 노벨상 수상자 • 118
3   희소 분야에서의 노벨상 수상자 • 123
4   스승과 제자의 노벨상 수상 기록 • 126
5   노벨상 수상에 얽힌 희비 • 129
6   불우한 노벨상 미수상자 • 137

제4장
아시아 최다 노벨상 수상자를 배출한 일본의 비결

1   일본 과학 발전의 선각자 후쿠자와 유키치 • 155
2   일본 물리학 계보의 구축과 선구자 • 157
3   일본 최초의 노벨상 수상자 유카와 히데기 • 161
4   일본의 노벨상 수상자 • 164
5   일본의 기관별 노벨상 수상자 • 168
6   세계 최초의 학사 출신
    노벨 과학상 수상자 다나카 고이치 • 173
7   일본의 노벨상 수상의 비결 • 175

제5장

노벨 과학상 수상자가 한 명도 없는 한국의 현실

1   한국의 노벨상 수상자 • 186

2   아시아 각국의 노벨상 수상자 • 188

3   GDP 대비 연구개발비 및 기초연구비 비중 • 192

4   세계 최초의 발견을 위한 창의성 개발 • 197

5   노벨상 수상의 문제점 및 대책 • 203

6   한국의 노벨 과학상 수상 가능성 • 215

맺는말 • **220**

참고문헌 • **224**

부록 • **231**

제1장

세계적인 권위와 명성을 갖춘

노벨상의 탄생

　노벨상은 스웨덴의 발명가이자 사업가인 알프레드 노벨의 1895년 11월 27일의 유언에 의하여, 3,100만 스웨덴 크로나(SEK)를 기금으로 조성하여 여기에서 발생되는 이자로 매년 물리학, 화학, 생리학·의학, 문학 및 평화의 5개 분야에서, 전년도에 인류에 가장 큰 공헌을 한 사람에게 상금을 균등하게 분배하도록 하였다. 그리고 노벨 경제학상은 스웨덴 중앙은행이 1968년 거액의 기부금을 내놓아 제정되었으나, 노벨상하면 노벨 경제학상을 포함한 6개 분야의 노벨상을 지칭한다. 노벨 물리학상, 화학상, 생리학·의학상, 문학상 및 평화상 5개 분야는 1901년부터 2024년까지 124년 동안 시상되어 왔고, 노벨 경제학상은 이보다 늦은 1969년부터 2024년까지 56년간 시상되어 왔다.

1. 노벨상 창설자 알프레드 노벨의 출생

알프레드 노벨은 1833년 10월 21일 건축기술자이고 발명가인 아버지 임마누엘 노벨(Immanuel Nobel)과 어머니 안드리에트 노벨의 4명의 형제 중 3남으로 스웨덴 스톡홀름에서 태어났다. 그의 형제로는 장남 로베르트 노벨, 차남 루드비그 노벨 그리고 4남 에밀 노벨이 있다.[1-6] 그런데 이들의 능력과 성격이 천차만별하여 아버지인 임마누엘 노벨은 이들 형제에 대하여 '내 생각으로는 가장 뛰어난 재능을 가진 아이는 차남 루드비그 노벨이고, 가장 근면한 아이는 3남 알프레드 노벨이며, 투기 정신이 가장 뛰어난 아이는 장남 로베르트 노벨이다.'라고 평가하였다.[7]

이들 중에서 화약에 관심이 많은 알프레드 노벨(Alfred Nobel)은 1866년 다이너마이트, 1875년 젤리나이트 그리고 1887년에 무연 화약인 발리스타이트를 발명하였다. 그러나 마지막으로 발명한 발리스타이트의 납품이 프랑스에 의해 거절되자 이를 이탈리아에 판매하였는데, 당시에 프랑스와 이탈리아는 적대적 관계였기 때문에, 프랑스 언론들은 일제히 알프레드 노벨이 '정치적 반역죄'를 저질렀다고 성토하고 사법당국은 그를 기소하였다. 따라서 프랑스에서 발리스타이트의 연구와 사업이 금지되면서 부득이 알베르트 노벨은 1891년 이탈리아 휴양도시 산레모로 이사하였다. 그러나 알프레드 노벨이 1873년 구입하여 살았던 말라코프가의 맨션은 연구와 실험을 수행할 수 있는 시설을 갖추고 있고, 그가 프랑스어에 능숙하고, 파리를 사랑하여, 죽을 때까지 이 집을 포기하지 않았다. 알프레드 노벨이 세상을 떠나기 1년 전인 1895년 가을 이 집에서 두 달 동안 머무르면서 노벨상의 기초가 되는 유언장을 작성하였다.[8]

이탈리아 휴양도시 산레모(San Remo)에서 5년 정도 머무르다가 알프레드 노벨은 1896년 12월 10일 뇌출혈로 63세의 나이에 사망하였다. 여기에서도 알프레드 노벨은 다른 곳에서와 마찬가지로 기계연구실, 화학실험실 및 독서실을 지어 연구와 실험을 계속하였다. 그러나 이번에는 전과 같은 폭발 실험보다는 합성 실험이 주류를 이루었다. 예를 들면, 니트로셀룰로오스(Nitrocellulose)를 이용한 인조 실크 및 인조 섬유 등의 소재를 개발하는 것이었다. 이로써 알프레드 노벨이 장소와 시간을 가리지 않고 끊임없이 연구와 실험을 계속하는 발명가의 진면목을 보여주었다고 생각된다.[9]

이때 알프레드 노벨은 폭발실험을 하다가 이웃들의 항의를 받기도 하였으나, '나는 1년에 1,000개의 아이디어를 생각해 내고, 그 가운데 오직 1개만이 쓸모 있는 것으로 밝혀진다 하더라도 나는 만족할 수 있다.'라는 유명한 아포리즘(Aphorism, 경구)를 남겼다. 그는 평생 동안 355개의 특허를 취득했는데, 그중에는 화약은 물론 축음기, 전화기, 축전지, 백열등, 로켓, 비행기, 수혈 및 만년필 등에 대한 발명을 하여, 그가 다방면에 걸쳐 넓은 지식을 가지고 있는 발명가임을 알 수 있다.[7] 그는 연구와 실험을 수행하면서 '나는 중간 중간 휴식을 취하며 작업했다. 한동안 일을 놓아두었다가 다시 일에 매달리곤 하였다. 나는 자주 이런 방식으로 일을 하였다. 그러나 결국 성공률이 높은 일로 다시 돌아와 계속하게 되었다.'라고 술회하였다.

알프레드 노벨의 발명가로서의 재능은 식물학, 동물학 및 약물학에 대하여 17세기 스웨덴에서 가장 유명한 천재로 칭송받던 그의 3대 선조로부터 물려받았다.[5] 따라서 아버지 임마누엘 노벨도 건축기술자인데도 불구하고 화학을 독학으로 공부하여 폭발물을 발명하였고, 여러 가지 군수품을 제작하였으며, 증기기관을 디자인한 선구적인 발명가였다.

어린 시절부터 알프레드 노벨은 폭약에 관심이 많았다. 빈 깡통에 흑색화약(Black Powder)을 채워 넣고 폭발을 일으켜 온 동네를 깜짝 놀라게 하였다. 이때 알프레드 노벨도 크게 다쳐 얼마 동안 움직이지도 못하였다. 여기에서 흑색화약은 목탄, 유황 및 질산칼륨을 혼합하여 만든 가장 오래된 폭약으로 19세기 말까지 전 세계적으로 사용되었다. 이것은 착화가 잘 되고 긴 화염이 생기고 급격한 연소를 하지만 데토네이션(Detonation, 폭굉)을 일으키지는 않았다. 따라서 추진제 점화용이나 도화선의 심약(心藥) 그리고 광산 채

석용 폭파약 등으로 쓰였다. 아마도 알프레드 노벨의 어린 시절 폭약에 대한 호기심이 성장하여 다이너마이트의 발명으로 연결되었다고 생각된다.

2. 러시아 상트페테르부르크에서 군수업자로 활약

임마누엘 노벨은 건축기술자와 발명가의 수완을 발휘하여 초기
에는 사업이 성공을 거두었으나 공장이 화재로 전소되면서 파산
하였다. 더욱이 그는 사업을 확장하고 있어 부채가 많아 피해가 컸
다. 따라서 빚을 갚기 위해 온 가족이 동분서주하던 와중에 임마누
엘 노벨은 자신의 예지력을 발휘하여 러시아 시장의 미래를 보고
그곳으로 진출하기로 결심하였다.

임마누엘 노벨은 1838년 혈혈단신으로 고국을 떠났다. 러시아
로 건너가 무기 제조 및 이의 납품사업을 하다가, 러시아 니콜라이
1세 황제의 신임을 얻어, 지뢰, 기뢰 및 포탄을 제조하여 납품하면
서 러시아와 오스만 제국(현재의 튀르키예), 프랑스, 영국의 연합군
사이의 크림전쟁(1853-1856)에서 러시아군의 선전에 크게 기여하
였다. 여기에서 지뢰는 육지에서 위장하여 숨겨 놓았다가 접촉하
면 폭발하고, 기뢰는 수중에 설치되어 함선이 접근하거나 접촉할

때에 폭발한다. 러시아에서 사업이 번창하여 임마누엘 노벨의 생활이 안정되자, 알프레드 노벨이 9세 때인 1842년 전 가족이 러시아 상트페테르부르크(St. Petersburg)로 이주하였다.[1]

어려운 가정 형편으로 알프레드 노벨의 정규 교육은 8세 때 스톡홀름의 어느 학교에 1년간 다닌 것이 전부였다. 러시아에서는 시민권이 없는 사람은 공교육을 받지 못하게 되어 있어, 부득이 유능한 가정교사들을 고용하여 집에서 교육을 받았다. 따라서 자연히 '맞춤교육'이 이루어졌으며 이러한 결과로 알프레드 노벨은 다양한 분야에서 재능을 보였다. 특히 화학, 물리, 문학 및 시 등에 매우 뛰어 났다. 20세가 되기 전에 스웨덴어, 독일어, 영어, 프랑스어 및 러시아어 등의 5개 언어를 유창하게 구사하였다.[9]

다행히 러시아에서 임마누엘 노벨의 사업이 성공하자, 부친의 권유로 알프레드 노벨은 17세 때인 1850년부터 수년간, 미국과 프랑스에서 견문을 넓히고 화학 분야에 연수를 받기 위해 유학을 떠났다. 미국으로 건너가 유명한 스웨덴의 엔지니어인 존 에릭슨 밑에서 3년간 일하였다. 다시 프랑스로 옮겨 튜린대에서 화학자 펠로즈 교수의 조수로 그의 실험실에서 연구를 하였다. 여기에서 우연하게 알프레드 노벨의 인생의 전환점이 되는 니트로글리세린(Nitroglycerin)에 대해 알게 되었다.[7]

임마누엘 노벨은 러시아 황제의 전폭적인 지원을 받아 크림전쟁에서 수중 기뢰로 영국군에게 막대한 피해를 입혔고, 영국 해군 함대가 무수히 불타고 있는 바다에는 악마가 살고 있다는 말이 나올 정도였다. 그는 크림전쟁에서 러시아군의 선전에 크게 기여하였다. 그러나 1855년 니콜라이 1세 황제가 죽고, 다음 황제로 등극한 알렉산드르 2세가 러시아와 오스만 제국, 영국 및 프랑스 연합군과의 크림전쟁이 러시아의 패전으로 끝나고, 러시아 스스로가 열악한 자국산 무기를 쓰지 않기로 결정하면서, 임마누엘 노벨과 러시아 정부 간의 계약이 줄줄이 취소되면서, 임마누엘 노벨은 다시 한번 파산하게 되었다.[2]

3. 프랑스 튜린대에서 니트로글리세린을 만남

니트로글리세린은 1847년 튜린대에서 펠로즈 교수의 지도 아래 이탈리아 화학자 아르카니오 소브레로(Arcanio Sobrero)가 최초로 합성하였다. 이는 글리세린을 진한 질산과 진한 황산의 혼합물과 반응시켜 만든 매우 충격에 민감하고 강력한 폭발력이 있는 무색 투명한 액체이었다. 그런데 매우 불안정하여 보관 중 진동 수준의 아주 작은 충격만 받아도 폭발하는 경우가 흔했기 때문에 인명 피해가 컸다. 따라서 니트로글리세린이 자발적으로 폭발을 하여 액체 상태로는 운반하는 것이 금지되어 있었다. 이에 아르카니오 소브레로는 니트로글리세린을 폭약으로 사용하지 말도록 강력하게 경고하였다. 그는 니트로글리세린에 대한 공포에 사로잡혀 이의 폭발로 많은 희생자가 발생하자 '내가 니트로글리세린의 발견자라는 것이 부끄러울 지경이다.'라고 후회하였다. 따라서 아르카니오 소브레로는 니트로글리세린이 너무 폭발성이 커서 다루기가 불가

능하다고 생각하여 연구를 포기하였다.[10]

이와 같은 니트로글리세린의 폭발성은 니트로글리세린의 약한 결합이 파괴되고 생성되는 기체 분자에서, 많은 결합이 형성되면서 엄청난 열을 발생하기 때문이다. 그리고 이를 강력한 폭발물로 만드는 것은 분해반응 속도이다. 폭발물을 통과하는 초음속 충격파에 의해 거의 순간적으로 분해된다. 이러한 순간적인 분해를 데토네이션이라 하며, 순간적인 분해의 결과로 형성된 뜨거운 기체들의 신속한 팽창이 파괴적인 폭발을 일으킨다.[10]

니트로글리세린은 폭발할 때에 TNT와 같은 다른 고성능 폭약에 비하여 연기상 탄소가 생기지 않는 것이 특징이다. 이러한 점 때문에 니트로글리세린은 무연화학이라 불리며, 전쟁터에서 전투하는 동안 자욱하게 피어오르는 연기구름으로 시야를 가리지 않는 것이 큰 장점이다. 니트로글리세린은 화약뿐만 아니라 이의 증기를 흡입하면 혈관이 확장되는 성질을 이용하여 혈관확장제로서 협심증이나 심근경색 등 심장질환 병의 치료에도 이용된다.[1]

아르카니오 소브레로가 니트로글리세린을 합성한 1847년으로부터 수년이 지나, 니트로글리세린을 다시 만난 알프레드 노벨은 아르카니오 소브레로와는 다른 선택을 하게 된다. 이와 같이 위험할 정도로 강력한 폭발물이야말로 바로 그가 찾던 화약이었다. 미세한 충격에 쉽게 폭발하는 위험성에도 불구하고 그 파괴력의 잠재력을 깨닫게 되지만, 아직은 니트로글리세린을 상업적으로 쓰이기에는 너무나 위험하다고 생각했다. 단지 그것을 안전하게 다룰 방법을 찾아내는 게 과제였다. 그림 1.1에서 1853년 당시 젊은 시절

알프레드 노벨의 모습을 볼 수 있다.[11]

그림 1.1 알프레드 노벨의 인물사진.

4. 스웨덴 스톡홀름에서 다이너마이트의 발명

임마누엘 노벨이 러시아에서 다시 파산한 후에 장남 로베르트 노벨, 차남 루드비그 노벨 및 삼남 알프레드 노벨을 제외한 전 가족은 1859년 스웨덴으로 돌아갔으며, 로베르트 노벨이 바쿠 지역을 여행하는 도중에 파산하고 있는 석유회사를 견학하다가 사업에 관한 힌트를 얻어 석유 사업에 뛰어들게 되었다. 따라서 로베르트 노벨과 루드비그 노벨은 러시아에 남아 유전 사업을 시작하였으며, 러시아 바쿠 현의 바쿠 유전을 개발하였다.[1] 바쿠(Baku)는 현재 아제르바이잔의 수도이다.

바쿠 유전에서 로베르트 노벨이 석유의 수송을 위해 송유관을 설치하려 하자, 기존에 석유 배럴을 운반하던 마차의 마부들이 실직자로 전락할 위기를 깨닫고 사보타지를 일으켰다. 그러나 로베르트 노벨은 노사갈등을 실직자 신세가 된 마부들을 전부 송유관을 경비하는 인력으로 재고용하여 원만하게 해결하였다. 그러나 불행하게도 형인 로베르트 노벨이 노동자들에게 유리한 고용조건을 만들려고 노력하다가 병을 얻어 쓰러졌다. 그러자 로베르트 노벨은 동생 루드비그 노벨에게 유전을 물려주었다.

당시에 루드비그 노벨은 생각하지도 못한 현대적인 사원복지 제도를 시행하였다. 근로시간의 단축, 사원을 위한 학교 및 병원의 운영, 도서관의 설립 및 기숙사의 제공 등이었다. 1876년 루드비그 노벨은 바쿠에 브라노벨(Branobel)이라는 석유회사를 설립하여 많은 돈을 벌었다. 브라노벨은 한때 전 세계 석유 생산량의 50%를 차지할 정도로 큰 석유회사였고, 다이너마이트를 발명한 알프레드 노벨보다 더 많은 돈을 벌어 '북방의 라커펠러'라고 불렸다. 그는 세계 최초로 유조선을 만들었으며 석유를 공급하는 송유관도 개량하였다.[1] 그러나 불행하게도 바쿠 유전에 방화로 추정되는 화재로 많은 피해를 입게 되어 파산하였다.

알프레드 노벨은 스웨덴으로 돌아 온 후에, 아버지 임마누엘 노벨 그리고 동생 에밀 노벨과 함께 1859년 실험실을 차리고, 그 곳에서 폭발성 액체 니트로글리세린을 가지고 실험을 시작하였다. 마침내 1862년 알프레드 노벨은 폭발 위험을 크게 줄인 첫 폭발물을 발명하는데 성공하였다. 이것은 흑색화약을 채운 작은 병을 니트로글리세린에 넣고 거기에 도화선을 연결하는 것이었으며, 도화선에 불을 붙이면 먼저 흑색화약이 폭발하고, 그 충격으로 작은 병 둘레의 니트로글리세린이 폭발하는 원리였다. 그림 1.2에서 알프레드 노벨이 스웨덴 스톡홀름에서 사용하던 연구실을 볼 수 있다.[11]

그림 1.2 스웨덴 스톡홀름에 있는 알프레드 노벨의 연구실.

이를 개량하여 알프레드 노벨은 1863년에 안전하게 원하는 장소와 시간에 니트로글리세린을 폭발시킬 수 있는 뇌관(Detonator)을 발명하였다. 바로 기폭장치인 뇌관을 세계 최초로 발명한 것이었다. 알프레드 노벨은 1864년 6월에 영국의 레드힐(서리주)에 뇌관 및 니트로글리세린의 점화법에 관한 특허를 제출하여 허가를 취득하였다.[7]

알프레드 노벨은 니트로글리세린의 저절로 폭발하는 성질을 규조토와 섞어서 만든 다이너마이트를 1866년에 발명하여 1867년에 여러 나라에 특허를 제출하였으며, 이 때의 이름은 '노벨의 안전한 화약'이었다. 그 후에 '힘'을 의미하는 '다이너마이트(Dynamite)'를 상품명으로 바꾸어 판매하였다.[7]

이때 다이너마이트에 쓰인 규조토는 단세포조류인 규조의 껍데기가 쌓여 흙이나 돌이 된 것이다. 그의 조성은 실리카가 80-90%, 알루미나가 2-4% 그리고 산화철이 0.5-2.0%로 구성되어 있다. 이의 주성분인 실리카는 표면적이 700 m^2/g으로 매우 높으나, 평균

기공의 크기는 25-50Å으로 매우 낮아, 이로 인해 실리카 내부로 분자의 확산이 어렵다. 그러나 표면적이 높은 미세한 다공질이라 흡착성이 매우 좋아 다량의 니트로글리세린을 규조토의 기공 내에 잘 붙들어 둘 수 있다.[12]

한 공장 직원이 니트로글리세린 보관 상자에 충진제로 넣어 둔 규조토가 사고로 흘러나온 니트로글리세린을 흡수한 것을, 알프레드 노벨이 발견하여 다이너마이트를 발명하였다는 설이 있으나, 당사자인 알프레드 노벨은 이를 단호히 부정하였다. 그는 '다이너마이트의 발명은 우연한 산물이 아니다. 나는 처음부터 액체 폭약의 단점을 알고 있었고, 그때부터 그 단점을 제거할 수 있는 방법을 찾아 나섰다.'라고 설명하였다.[7] 알프레드 노벨이 미국에 3년간 유학하면서 화학을 공부하였고, 이미 규조토가 미세한 기공을 가져 니트로글리세린을 다량으로 흡착시켜 안전하게 유지할 수 있다는 사실을 알고 있었다고 생각된다.

다이너마이트는 폭발력이 뛰어나고, 안전하며, 폭발력을 조절하기도 편하고, 취급하기에도 편리하여, 세계 여러 나라의 광산과 토목공사 현장에서 알프레드 노벨이 만든 폭약이 널리 사용되기 시작하였다. 이에 따라 스웨덴 스톡홀름 교외에 새 공장을 세우고 더 많은 화약을 판매하였다. 가장 강력하고도 안전한 폭발물이란 지위를 확보한 이래 지금까지 150여 년이나 세계 각지에서 사용되어 왔다. 광산에서, 도로를 놓거나 터널을 뚫어 철도를 놓는 건설 현장에서, 황무지를 개척하여 농지를 만들고 도시의 기반을 닦는 토목 현장에서 그리고 오래된 건물이나 구조물을 제거하는 철거공사

장에서, 다이너마이트는 빼놓을 수 없는 필수품이 되었다. 그리고 전쟁터에서도 가볍고, 휴대하기 쉽고, 보관도 용이하며, 폭발력이 높아, 많은 사람을 살상하였고, 희귀한 문화유산을 대량으로 파괴하였다. 다이너마이트의 구조를 살펴보면 처음으로 타 들어간 심지가 먼저 폭발하는 것이 뇌관이고, 다음에서 기다리는 막대기가 다이너마이트 묶음이다. 뇌관이 폭발해서 생기는 폭발력으로 다이너마이트가 폭발한다.[8]

알프레드 노벨은 수년 동안 실험실에서 크고 작은 많은 폭발을 경험했지만, 다이너마이트를 개발하던 1864년 9월 엄청난 굉음이 스톡홀름을 흔들었다. 스톡홀름 근처에 위치한 헬렌보그 공장에서, 알프레드 노벨의 동생 에밀 노벨과 새로이 고용된 엔지니어가 실험을 하고 있었는데, 실험이 통제 불능이 되면서 큰 폭발이 일어나 에밀 노벨과 엔지니어를 포함한 4명이 희생되었다.[10] 이 비극적이고 충격적인 사건을 겪은 아버지 임마누엘 노벨은 뇌졸중으로 마비가 되어 일을 할 수 없게 되었다. 그리고 스톡홀름시 당국은 시 경계 안에서 폭약을 가지고 실험을 할 수 없도록 금지하였다.

그림 1.3 알프레드 노벨의 다이너마이트 특허.

　이러한 폭발 사고 이후에도 알프레드 노벨은 말라렌 호수 위의 바지선에서 실험실과 공장을 세우고 연구를 계속하였다.[11] 그러나 아버지 임마누엘 노벨은 에밀 노벨의 죽음에 충격을 받고 쓰러져 장애인이 되었다가 1872년에 사망하였다. 그림 1.3에 알프레드 노벨이 다이너마이트를 발명하여 독일 함브르크에서 특허를 등록한 사진을 볼 수 있다.[10]

5. 젤리나이트 및 발리스타이트 화약의 발명

셀룰로오스를 약간의 황산을 섞은 질산에 적신 후, 물로 나머지 산들을 씻어 내면 면화약이 된다. 알프레드 노벨은 다이너마이트만 발명하지 않고, 1875년에 니트로글리세린을 규조토 대신에 면화약에 흡수시킨 유연하고 투명한 젤과 같은 젤리나이트(Gelignite)를 발명하여 1876년에 특허를 제출하였다. 이는 다이너마이트보다 더 안정화되었고 형태를 쉽게 변형할 수 있는 획기적 폭약이었다. 젤리나이트는 보다 안정적이고, 이동하기 편하며, 구멍을 뚫는 드릴링이나 채광 같은 마이닝에, 좀 더 쓰기 편하게 구멍과 같은 홈에도 넣어 사용할 수 있다. 이로 말미암아 토목공사의 규모와 형태를 혁신하여 전 세계적인 교통망의 구축을 가능하게 만들었다. 따라서 현대 문명사회의 기틀을 만드는데 많은 기여를 하였다.[8]

알프레드 노벨은 1887년 니트로글리세린과 니트로셀룰로오스를 혼합한 무연화약인 발리스타이트(Ballistite)를 발명하였다. 이러한 무연화약은 총을 쏜 뒤 자욱한 연기로 흔적을 남기고 타겟을 식별하지 못하게 하는 유연화약을 급속도로 대체하며, 근대전의 형태를 바꾸는 혁신을 하게 되었다.[8] 이와 같이 알프레드 노벨은 다이너마이트, 젤리나이트 및 발리스타이트를 전 세계적으로 판매하면서 유럽의 최고 갑부가 되었다.

무연화약인 발리스타이트는 알프레드 노벨이 '어떻게 하면 다이너마이트를 강력한 군사 무기로 쓸 수 있을까?'하고 고민하다가 만들어진 화약으로, '내가 강력한 무기를 만들었으니 각국이 전쟁할 엄두를 내지 않고 평화롭게 지내겠지.'라고 생각하고 야심차게 만들었다. 이는 마치 핵전쟁으로 현대 문명의 인프라가 100% 증발하고, 인간의 멸종이나, 지구멸망을 일으킬 수 있다는 두려움으로, 현재 핵폭탄을 보유하고 있는 국가와 전쟁을 일으키지 못하고 평화가 유지되는 것과 일맥상통한다.

알프레드 노벨은 전쟁에 대하여 '전쟁을 없앨 만큼 강력한 폭발물을 만들고 싶다. 그래서 이것을 각국이 보유하게 된다면 누구도 감히 전쟁을 일으킬 수 없게 될 것이다.'라고 베르타 폰 주트너 남작 부인에게 일관되게 희망을 피력한 바 있었다.[9] 이러한 사실은 베르타 폰 주트너 남작 부인이 알프레드 노벨에게 평화회의에 참석을 부탁했을 때, 알프레드 노벨이 '내 발명품이 평화 조약보다 더 빠른 평화를 불러올 것이다.'라고 답변한 사실로부터 알 수 있다. 그가 만든 폭발물이 전쟁 억제 기능을 할 수 있을 것이라고 굳게 믿었으며, 나아가 평화에 대한 간절한 소망과 이에 대한 강한 신념을 갖고 있음을 짐작케 한다.[1]

그러나 알프레드 노벨은 프랑스에 발리스타이트의 납품이 이루어지지 않자 적국인 이탈리아에 판매하였다. 그러자 프랑스 언론은 알프레드 노벨이 반역죄를 저질렀다고 비판하고, 당국은 그를 기소까지 하게 되었다. 프랑스에서 발리스타이트의 연구와 판매가 금지되면서 알프레드 노벨은 1891년에 이탈리아 산레모로 옮겨갔다. 그는 프랑스에 오랫동안 살면서도 프랑스 국적을 취득하지 않았다. 이러한 이유로 알프레드 노벨이 사망한 후에 프랑스 정부가 그의 재산에 손을 댈 수 없게 되었다.

전 세계적으로 20여 개국에 93개 정도의 회사를 둔 알프레드 노벨은 프랑스에 소재한 회사가 파산하면서 당시 프랑스 법에 의하여 프랑스 내의 전 재산을 압류당할 수도 있었지만 다행히 법적인 책임으로부터 위기를 모면하였다.

6. 알프레드 노벨의 화약 이외의 관심 분야

알프레드 노벨은 화약 이외의 문학, 의학, 평화 및 인생에 대하여도 많은 관심을 가지고 있었다. 알프레드 노벨은 문학을 좋아했다. 영국의 낭만파 시인인 퍼시 셸리(Percy Shelley)와 조지 바이런(George Byron)의 시를 특히 좋아 했고, 나중에는 자신이 직접 시, 수필 그리고 희곡 같은 문예 작품을 창작하기도 하였다. 퍼시 셸리의 시극 '첸치'에서 영감을 받아 희곡 '네메시스(Nemesis)'를 완성했다. 여기에서 네메시스는 그리스 신화에 나오는 복수의 여신으로, 그녀는 선악을 구분하지 않고 분수에 넘치는 행동을 하는 모든 사람을 응징하였다. 이 희곡의 인쇄물은 그의 사후에 가족들에 의해 모두 불태워지고 단 3부만이 보존되었는데, 2005년이 되어서야 스웨덴의 한 극단에 의해 '네메시스'가 무대에 올려졌다.[9, 11]

알프레드 노벨이 가정적으로 불우해서 평생 독신으로 지냈으며, 정작 고향인 스웨덴에서는 거의 살지 않고 러시아, 독일, 프랑스, 이탈리아, 스코틀랜드 및 미국 등지로 돌아다니며 방랑자와 같은 삶을 살았고, 이를 보고 프랑스 파리에서 알베르트 노벨의 이웃으로 살고 있던 레미제라블과 노뜰담의 꼽추의 작가 빅토르 위고(Victor Hugo)는 알프레드 노벨이 여행을 자주 감으로 그를 '유럽에서 가장 부유한 방랑자(Europe's Richest Vegabond)'라고 불렀다.[1]

알프레드 노벨은 의학에 대한 관심도 지대하였다. 임마누엘 노벨과 알프레드 노벨은 다이너마이트를 발명한 공로로 스웨덴 왕립과학한림원으로부터 금메달을 받았다. 그리고 알프레드 노벨은 한림원의 종신회원이 되었다. 1893년에는 스웨덴 웁살라 대학교의 300주년 기념행사에서 명예박사학위도 받았다. 알프레드 노벨은 의학연구기관인 카롤린스카 의학연구소와도 밀접한 관계를 맺었다. 1889년 그의 어머니 안드리에타 노벨이 사망한 후에 상속받은 유산의 대부분인 50,000 스웨덴 크로나를 기부하여 의학 연구를 지원하는 안드리에타 노벨 펀드를 만들었다. 알프레드 노벨은 특히 수혈, 살균제 및 환자에서 채취한 피와 소변으로 진단을 가능케 하는 진단 검사에도 많은 관심을 가지고 있었다. 그가 사망하기 전인 1890년대에 의학 연구에 대한 그의 관심은 부쩍 늘어났다.[8]

이중에서 알프레드 노벨은 수혈에 대한 관심이 많았다. 지금까지는 간접적인 방법으로 수혈이 이루어졌는데, 알프레드 노벨은 사람과 사람 간의 직접적인 수혈에 관심이 있었다. 그러나 사람의 혈액형이 구분되어 있기 때문에 이 과정은 매우 위험했다. 그러다가 1900년에 카를 란트슈타이더가 ABO 혈액형을 발견하여, 1930년에 "인간의 혈액형 발견"의 공로로 노벨 생리학 · 의학상을 수상한 후에, 사람과 사람 간의 수혈이 가능하게 되었다.

노벨 평화상을 노르웨이가 선정하게 하는 이유는 알프레드 노벨의 평화에 대한 관심이 지대하기 때문이라고 생각된다. 스웨덴과 노르웨이는 연합국으로 스웨덴 국왕이 노르웨이 국왕을 겸하고 있었다. 양국이 한 국가였다가 1905년에 분리되었다. 알프레드 노벨은 당시 같은 연방에 속했던 노르웨이에게도 역할을 나누어 주고 싶었던 것으로 판단된다.[9]

알프레드 노벨은 과학에 대한 호기심과 에너지로 가득 찬 발명가이자 지칠 줄 모르는 사업가로, 자신은 남의 눈에 띄기를 꺼려하는 은둔자이며 예민하고 섬세한 감성의 소유자로서 이상주의자였다[8]. 그가 프랑스 파리에 살 때 작가 빅토르 위고와 절친하게 지냈으며, 술과 담배는 물론이고 사교 모임도 멀리하였고, 자기 자신의 사진이 신문이나 잡지에 실리는 것도 싫어했다.[10] 또한 유럽의 최고 갑부로써 조심성이 있고, 자제력이 강한 사람이며, 사상적으로는 진취적이며 자기의식이 분명하였다.[3]

알프레드 노벨의 이상주의적인 면모가 가장 잘 나타난 것은 파괴력이 강한 무기를 팔아 막대한 부를 축적하면서도, 가공할 파괴력을 가진 폭발물을 만든다면 전쟁이 줄어들 것으로 생각하였다. 또한 노벨상을 인류를 위해 가장 큰 공헌을 한 사람을 '국적과 성별에 관계없이' 수상하라고 한 점이었다.

독신으로 산 일생 동안 알프레드 노벨에게 기록에 남는 여인은 세 명이 있는 것으로 알려져 있다. 첫째 여인은 너무 짝사랑하여 1년에 216통의 편지를 보내며 사랑을 고백했지만 알프레드 노벨을 무시했다. 알프레드 노벨이 죽고 나서 노벨상으로 유명하자, 그 편지를 팔아 돈을 벌던 여성은 알프레드 노벨의 아내로서 막대한 재산을 상속받을 자격이 있다고 주장하다가, 말년에는 비참하게 죽었다.[1]

둘째 여인은 베르타 킨스키(Bertha Kinsky)로서 중년의 외로움을 달래기 위해 비서로 고용하였다. 프랑스 일간 신문에 '파리에 살고 있는 대단히 부유하고 교양 있는 노신사가, 언어에 능통하고 비서 겸 집사 역할을 할 나이가 지긋한 숙녀를 구합니다.'라는 광고를 보고 응모하여 채용되었다. 그러나 얼마 되지 않아 그녀는 첫사랑을 찾아 오스트리아 비엔나로 떠났고, 남작의 아들 아서 주트너와 결혼해 베르타 폰 주트너 남작 부인이 되어 돌아와, 알프레드 노벨과 평화에 대해 이야기하는 반전 문학가로 활동하며, '무기는 버려라(Lay Down Your Arms)'라는 서적을 출간하였다.

그녀는 '인류가 총과 더 강한 무기에 집착하면 평화는 없다.'는 주장을 하였으며, 이러한 활동으로 1905년 노벨 평화상을 수상하였다[1]. 여성으로는 마리 퀴리 이후에 세계 2번째 수상자가 되었다. 알프레드 노벨과 서신을 왕래하며 두 사람의 강한 우정은 평생 동안 지속되었다. 노벨 평화상의 제정에는 오스트리아 출신의 평화주의자 베르타 폰 주트너 남작 부인과의 교분이 강력한 동기로 작용했다는 설이 있으나, 확인된 바는 없으나 알프레드 노벨이 베르타 폰 주트너 남작 부인이 평화운동을 할 때에 금전적으로 많은 도움을 준 사실로부터 가능하다고 생각된다.

셋째 여인은 소피 헤스로 1876년 처음 만났을 때 화원에서 일하는 20세의 점원이었으나, 18년간 내연관계를 유지하였지만, 그녀의 사치와 방종에 실망하여 인연을 끊고 말았다. 그러나 알프레드 노벨은 그녀에게 금전적으로 충분하게 보상하였다.[1]

7. 알프레드 노벨의 노벨상 제정 이유

알프레드 노벨이 왜 노벨상을 제정하였는지에 대해 사람들은 두 가지로 추측을 한다. 그 하나는 1888년 지중해에서 휴양 중이던 작은 형 루드비그 노벨이 죽었는데, 프랑스 파리의 한 신문이 알프레드 노벨이 죽은 것으로 착각하여, '죽음의 상인이 죽다(Merchant of Death is dead)'라는 제하의 부고 기사에서, '알프레드 노벨 박사는 예전 그 어느 때보다, 가능한 한 가장 짧은 시간에, 많은 사람들을 죽이는 방법을 찾아내서, 엄청난 재산을 만든 사람이다.'라고 대서특필했다. '죽음의 상인'이라는 칭호에 알프레드 노벨은 충격을 받았으며, 이 때문에 인류와 인류의 평화를 위해 무언가를 보상할 일을 생각하게 되었고, 그것이 전 재산 기부를 통한 노벨상 제정으로 이어졌다는 설이다. 그러나 이러한 오보의 원본이 발견되어 확인된 적이 없어 풍문에 불과하다.[10]

다른 하나는 1864년 9월 알프레드 노벨이 운영하던 니트로글리세린 제조공장이 폭발하여 동생 에밀 노벨 등 5명이 사망하여 알프레드 노벨이 노벨상을 만들게 되었다는 설이다. 그러나 애초부터 노벨 가문은 오랫동안 지뢰, 수뢰 및 폭탄 등의 군수품을 제조하여 전쟁에 사용함으로써 부를 축적하였으니, 알프레드 노벨 역시 다이너마이트가 무기로 사용되는 것에 대해 어쩌면 자책감을 갖지 않을 수도 있다. 왜냐하면 알프레드 노벨은 다이너마이트 역시 도구에 불과하다고 생각하여 거기에 선악의 기준을 적용할 수 없다고 생각할 수 있다. 그가 애초에 니트로글리세린을 연구하게 된 것도 이의 안전한 취급을 위해서였음을 짐작하면 그의 결과물인 다이너마이트로 인한 비판은 적잖은 아이러니로 생각할 수 있다.

이러한 오보 사건이나 폭발 사고, 그 어느 것도 노벨상 제정 이유가 될 수 없으며, 그보다는 '인류의 이익을 위해 만든 다이너마이트의 군사적 사용에 회의감을 느꼈고, 사람을 죽이고 문명을 파괴하는 살상 무기로 사용되는 것에 대하여, 인간으로서 죄책감을 느끼지 않을 수 없어 인류에 공헌을 하기 위해 자기 재산을 기부하여 노벨상을 만들었다.'는 것이 정설이다.

8. 알프레드 노벨의 유언장

알프레드 노벨은 1895년 11월 27일 프랑스 파리에 있는 스웨덴-노르웨이 클럽에서 그의 세 번째이고 마지막인 유언장을 남겼다. 자기 재산으로 만든 기금의 이자로 해마다 물리학, 화학, 생리학·의학, 문학 및 평화의 다섯 분야에서 인류에 가장 공헌한 사람에게 균등하게 상을 주라고 유언하였다. 그림 1.4에 알프레드 노벨이 서명한 유언장의 중요한 부분이 나타나 있다.[2-3, 13-14]

알프레드 노벨은 1889년(1차), 1893년(2차) 그리고 1895년(3차)에 유언장을 작성하였다. 그의 어머니 안드리에타 노벨이 사망한 1889년에 작성된 1차 유언장에는 자신의 재산을 그의 가족들과 스웨덴의 학술기관에 기부한다는 내용이었다. 이를 가지고 기금을 조성하여 매년 이 기금에서 나오는 이자로 '선구적인 발견에 대한 포상으로 나누어주고 ...(중략)...이러한 상들이 스웨덴 인이건 외국인이건, 남자이건 여자이건 차별하지 않고, 가장 공로가 많은 사람에게 수여하는 것이 나의 소원이다.'라고 밝히고 있다. 아마도 그는 노벨상을 염두에 두고 있었으며 이러한 상들을 '국적과 성별에 관계없이 수상하라.'는 확고한 취지가 읽혀진다.[8]

그는 1895년 11월 27일 작성한 3차이고 마지막인 유언장에서 '나의 유언 집행인에 의하여 안전한 유가증권으로 전환할 수 있는 자본으로 기금을 조성한다. 전년도에 인류에 가장 큰 공헌을 한 사람에게 기금의 이자를 균등하게 분배한다. 이자는 다섯 동등한 부분으로 나누어, 물리학 분야에서 가장 중요한 발견이나 발명을 한 사람에게 한 부분을, 화학 분야에서 가장 중요한 발견이나 개선을 한 사람에게 한 부분을, 생리학 혹은 의학 영역에서 가장 중요한 발견을 한 사람에게 한 부분을, 문학 분야에서 이상주의적인 가장 뛰어난 작품을 쓴 사람에게 한 부분을, 국가 간의 우호와 군대의 폐지 또는 축소 그리고 평화회의의 개최 혹은 추진을 위해 가장 헌신한 사람에게 한 부분을 분배한다.'라고 유언하였다.[13-14] 알프레드 노벨은 노벨상 수상 분야별로 수상자의 자격에 대하여 구체적으로 밝히고 있다. 특히 노벨 과학상 수상자의 자격으로 가장 중요한 발견, 발명 및 개선을 한 사람으로 명시하고 있다.

그림 1. 4 알프레드 노벨의 유언장.

알프레드 노벨은 미혼으로 유가족이 없어 조카 등 친척에게 전체의 3%에 불과한 100만 스웨덴 크로나(Swedish Krona)를 상속하고, 나머지 3,100만 스웨덴 크로나를 기금으로 제공하였다. 기금을 현재가치로 따지면 그때보다 54배 증가한 17억 200만 스웨덴 크로나에 해당하며, 이를 미국 달러로 환산하면 2022년 기준으로 1억 6,810만 달러의 거액이다. 노벨상의 상금은 기금의 이자에 따라서 변하며, 1980년부터 상금이 조금씩 증가하기 시작하여 2009년에 1,000만 스웨덴 크로나에 도달하였다가, 2012년에는 800만 스웨덴 크로나로 낮아졌다가, 다시 증가하여 2022년에는 1,000만 스웨덴 크로나에 도달하였다.[13]

그가 사망한 지 5일이 지나서 알프레드 노벨의 유언장이 공개되었는데, 조카 등의 친척에게 전체의 3%인 100만 스웨덴 크로나만 상속한다는 사실에 가족과 친지들은 경악하였다. 특히 조카들은 삼촌이 어마어마한 재산을 노벨상의 상금으로 기부한데 대해 실망감을 감추지 못했다. 스웨덴 국민들도 '수상자의 국적이나 성별을 구별하지 말라.'는 유언 때문에, 알프레드 노벨이 재산을 조국을 위하여 쓰지 않고 온 세계 사람들에게 나눠주어, 스웨덴의 국부를 해외로 유출하는 비애국적인 처사라고 비난하였다.

알프레드 노벨의 일가친척은 물론이고 한때 애인이었던 소피 헤스까지도 자신들의 정당한 유산을 빼앗겼다고 생각했다. 또한 노벨 평화상 수상자를 스웨덴이 아닌 노르웨이 국회에서 선정하게 하는 것에 대하여도 논란이 일어났다. 그러나 5년간의 준비기간을 거치면서 여러 가지 문제가 원만하게 해결되어 알프레드 노벨의 5

주기인 1901년 12월 10일 첫 번째 노벨상이 시상되는 영광을 맞이하였다.

세계 최초의 제1회 노벨 물리학상은 빌헬름 뢴트겐(Wilhelm Rontgen)이 'X-선의 발견'의 공로로 수상하였고, 노벨 화학상은 자코프 반트호프(Jacobus van't Hoff)가 '화학 동역학 법칙 및 용액에서 삼투압 발견'의 공로로 수상하였다. 또한 노벨 생리학 · 의학상은 에밀 폰 베링(Emil von Behring)이 '혈청을 이용한 디프테리아 치료법 발견'의 공로로 수상하였고, 노벨 문학상은 쉴리 프리돔(Sully Prudhomme)이 '구절과 시(시)'라는 작품으로 수상하였다. 그리고 노벨 평화상은 장 앙리 뒤낭(Jean-Henri Dunant)이 '국제 적십자사 창설 및 제네바 협약 체결'의 공로로 그리고 프레데리크 파시는 '국제 평화연맹 창설'의 공로로 공동 수상하였다. 노벨 평화상 수상자인 앙리 뒤낭은 국제적십자사를 창설한 사람이다.

제 2 장

세계적으로 자랑스러운

노벨상 수상자

　노벨상은 세계에서 가장 독창적이고 인류의 문명 발달에 기여한 사람들에게 수여되는 가장 권위 있고 영광스러운 상이다. 노벨상 수상자는 물론이고 이를 배출한 가족, 마을, 학교, 기관 및 국가에까지 커다란 영광과 자부심으로 생각된다.[15] 한국은 국내총생산(GDP)이 세계 10위이고, 국내총생산 대비 연구개발 투자비는 세계 2위 그리고 연구개발 투자비는 세계 6위이다. 그럼에도 불구하고 한국에서 노벨 과학상이 왜 안 나오는지 묻는 자탄이 매년 반복되고 있다. 그러면 언제쯤 한국에서도 노벨 과학상을 수상할 수 있을지 궁금해진다.

　노벨상은 국적, 인종, 종교 및 이념에 관계없이 누구나 받을 수 있으며, 단독 수상, 공동 수상, 동일 분야 혹은 다른 분야 중복 수상도 가능하다. 노벨상은 1901년부터 2024년까지 124년간 981명의 개인과 31곳의 단체가 수상하였다. 이들 중에서 5명은 노벨상을 중복 수상하였고, 7쌍의 부자, 6쌍의 부부, 2쌍의 부녀 및 모녀, 2쌍의 형제 및 숙질도 노벨상을 수상하는 영광을 안았다. 그러나 아직까지 노벨상을 3관왕 중복 수상한 사람은 없다.[16]

노벨상 3관왕 중복 수상에 가장 근접한 사람으로는 라이너스 폴링(Linus Pauling)을 꼽을 수 있다. 그는 1954년에 노벨 화학상, 1962년에 노벨 평화상을 단독으로 수상하였으나, 반핵 운동으로 당시에 매카시즘 광풍이 불고 있던 미국 정부에 의해 출국 금지 조치를 받았다. 따라서 그는 1952년 로절린드 프랭클린의 X선 회절 사진이 공개된 학회에 참석하지 못했다. 미국 정부가 사회주의자이자 반핵주의자였던 라이너스 폴링이 영국으로 출국하는 것을 허락하지 않았다. 따라서 DNA(Deoxyribo Nucleic Acid, 디옥시리보핵산)을 찍은 최근의 사진을 보지 못해, 그가 단백질의 삼중나선 구조를 밝힌 적이 있어 DNA가 삼중나선 구조라고 예측하여 잘못된 논문을 쓰게 되었다.

만일 그가 유럽에서 개최되는 학회에 참석할 수 있어 DNA의 최근 X선 회절 사진을 보았다면, 이미 단백질의 삼중나선 구조를 밝힌 적이 있기 때문에 아마 3관왕 중복 수상이 가능했을지도 모른다.[17] 그가 DNA의 잘못된 구조를 내놓는 바람에, 제임스 왓슨, 프랜시스 크릭 및 프레더릭 윌킨스가 '핵산의 분자적 구조 및 유전정보 전달에 있어서의 중요성에 관한 발견'의 공로로 1962년 노벨 생리학·의학상을 공동 수상하였다.

이에 대하여 제임스 왓슨(James Watson)도 그의 서적《이중 나선(The Double Helix)》에서 DNA 구조를 발견해 가는 과정을 설명하면서, 가장 강력한 경쟁자로 이미 단백질의 삼중나선 구조를 규명한 미국의 라이너스 폴링을 거론하였다. 그가 DNA 구조를 밝히는 데 뒤진 이유는 미국 정부로부터 여권 발행을 거부당함으로써 유럽에서 개최되는 각종 학회에 참석할 수 없어 DNA를 찍은 최신의 X선 회절 사진을 접할 수 없었기 때문이다. 만일 그가 제임스 왓슨과 같이 로절린드 프랭클린 등의 과학자들이 찍은 최근의 X선 회절 사진을 볼 수 있었다면 이들을 물리치고 노벨상 3관왕이 되었을지도 모른다.

지난 20세기 이후에 역사와 과학의 중심에 섰던 인물들의 대다수는 노벨상 수상자 명단에 포함되어 있다. 예로써 1911년 10월에 벨기에 브뤼셀에서 열린 제1회 솔베이 학회에 참석한 많은 학자들의 사진이 그림 2.1에 나타나 있다.[18] 여기에 참석한 22명의 학자 중에서 발터 네른스트(1920년 화학상), 헨드릭 로런츠(1902년 물리학상), 에밀 바르부르크(1931년 생리학 · 의학상), 장 페렝(1926년 물리학상), 빌헬름 빈(1911년 물리학상), 마리 퀴리(1903년 물리학상, 1911년 화학상), 루이 드 브로이(1929년 물리학상), 어니스트 러더포드(1908년 화학상), 헤이커 오너스(1913년 물리학상), 막스 플랑크(1918년 물리학상) 및 알베르트 아인슈타인(1921년 물리학상) 등의 11명이 노벨상을 수상하는 쾌거를 달성하였다.

그림 2.1 1911년 10월 벨기에 브뤼셀에서 열린 제1회 솔베이 학회.

1. 노벨상의 종류

노벨상은 물리학, 화학, 생리학 · 의학, 문학, 평화 및 경제학 6개 분야에서 수여되는데, 이중에서 노벨 과학상은 물리학상, 화학상 및 생리학 · 의학상을 지칭하며, 이는 한 국가의 기초과학 및 원천 기술의 경쟁력을 나타내는 지표로 사용되고 있다.

노벨 경제학상은 다른 노벨상이 제정되고 난 한참 후에 노벨의 유언과는 무관하게 따로 생긴 상이다. 스웨덴 중앙은행이 1968년 이의 설립 300주년을 기념해, 노벨 재단에 거액의 기부금을 내놓아 제정된 상으로, 상의 정식 명칭은 '알프레드 노벨을 기념하는 경제학 분야의 스웨덴 중앙은행상(The Sveriges Riksbank Prize in Economic Sciences in Memory of Alfred Nobel)'이다. 알프레드 노벨의 유언에 의해 제정된 나머지 5개 분야 노벨상은 정식 명칭이 The Nobel Prize로 시작되는 데 반해 노벨 경제학상은 The Sveriges Riksbank Prize로 시작된다.[19]

　노벨 경제학상은 1969년부터 시상돼왔다. 스웨덴 중앙은행은 경제학상 수상자 선정에 전혀 관여하지 않으며, 수상자 선정과 시상은 다른 상과 마찬가지로 스웨덴 왕립과학한림원이 주관하고 있다. 노벨 경제학상을 제정한 다음에 더 이상 새로운 노벨상을 제정하지 않기로 결정하였다.

　노벨 경제학상은 엄밀하게 말하면 노벨상이 아니고 알프레드 노벨을 기념하는 스웨덴 중앙은행상이다. 그러나 경제학상 수상자를 선정하는 스웨덴 왕립과학한림원은 물리학상 및 화학상 수상자를 선정하는 기관이고, 노벨 경제학상 수상자는 시상식에 다른 분야의 수상자들과 함께 참석하고 동일한 상금을 받는다. 따라서 스웨덴 왕립과학한림원이 경제학상을 별도로 진행할 이유가 없기 때문에 노벨상이라고 하면 경제학상도 포함한다. 그러나 알프레드 노벨의 장조카인 피터 노벨은 노벨 경제학상에 대하여 부정적으로, 경제학상에 무단으로 붙인 '노벨'이라는 이름을 삭제할 것을 요구하고 있다. 특히 주식 옵션 투기를 조장하는 시카고학파들이 상을 휩쓸고 있다며 인류에 공헌한 사람에게 상을 수여한다는 노벨의 취지를 크게 벗어났다고 비판하였다.[19]

　알프레드 노벨의 유언대로 노벨상 선정기관은 스웨덴을 포함한 노르웨이까지 널리 분포되어 있다. 물리학상, 화학상 및 경제학상은 스웨덴 왕립과학한림원, 생리학·의학상은 카롤린스카 의학연구소, 문학상은 스웨덴 한림원 그리고 평화상은 노르웨이 노벨 평화상 위원회가 노벨상 수상자를 선정한다. 노벨상을 시상하기 위하여 알프레드 노벨의 사망 후 4년이 지난 1900년에 노벨 재단(Nobel Foundation)이 설립되었으며, 노벨의 재산을 관리하며 매년 기금에서 발생하는 이익금으로 노벨상의 상금을 제공한다. 노벨상에서 특이한 것은 스웨덴과 노르웨이에서 각각 노벨상 수상자가 선정되고 시상되는데, 이는 노벨 재단이 설립될 1900년 당시에는 양국이 한 국가였다가 1905년에 분리되었기 때문이다. 표 2.1에 노벨상 수상자 선정기관이 요약되어 있다.[15]

표 2.1 분야별 노벨상 수상자 선정기관.

수상분야	선정기관	비고
물리학상	스웨덴 왕립과학한림원 (The Royal Swedish Academy of Sciences)	1901년 시상 시작
화학상	스웨덴 왕립과학한림원 (The Royal Swedish Academy of Sciences)	1901년 시상 시작
생리학· 의학상	카롤린스카 의학연구소 (The Nobel Assembly at Karolinska Institute)	1901년 시상 시작
문학상	스웨덴 한림원 (The Swedish Academy)	1901년 시상 시작
평화상	노르웨이 노벨 평화상 위원회 (The Norwegian Nobel Committee)	1901년 시상 시작
경제학상	스웨덴 왕립과학한림원 (The Royal Swedish Academy of Sciences)	1969년 시상 시작

2. 노벨상 수상자 선정 과정

노벨상의 권위는 훌륭한 추천자 및 엄격한 수상자 선정 과정에 기인한다. 노벨상 수상자는 매년 10월 첫째 주와 둘째 주에 발표되는데 수상자 선정은 그 이전의 해 초가을부터 시작된다. 노벨상 선정기관들은 각각 1,000명씩 후보자 추천을 요구하는 안내장을 보내며, 안내장을 받는 사람은 노벨상 수상자, 노벨상 수여 기관을 비롯해 물리학, 화학, 생리학·의학 분야에서 활동 중인 학자들과 대학교 교수들이다. 이들은 해당 후보를 추천하는 이유를 서면으로 제출하고, 후보자 및 추천에 관한 사항은 50년 후까지 공개되지 않는다. 물론 자기 자신을 추천하는 사람은 자동적으로 자격을 상실한다. 그림 2.2에 노벨 화학상 수상자를 선정하는 과정이 그려져 있으며 노벨 물리학상 수상자를 선정하는 과정도 대동소이하다.[20]

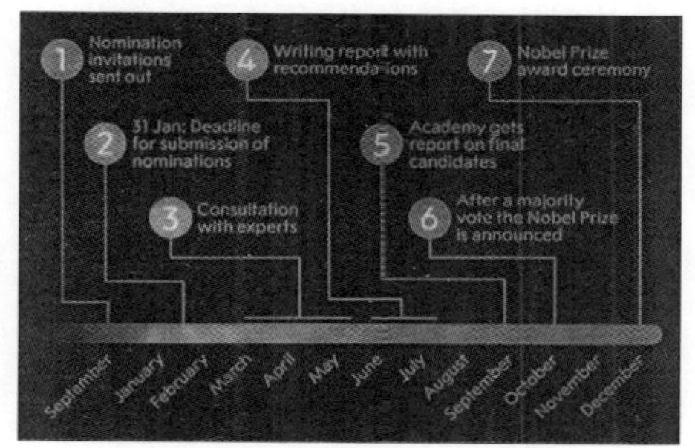

그림 2.2 노벨 화학상 수상자를 선정하는 과정.

노벨상 후보자 명단은 이듬해 1월 31일까지 각 선정기관의 노벨위원회(Nobel Committee)에 도착해야 하며, 후보자는 분야별로 100~250명에 이른다. 분야별 노벨위원회는 2월 1일부터 접수된 후보자를 대상으로 선정 작업에 들어가는데, 수천 명 인원의 도움을 받아 후보자의 연구 성과를 검토하고, 필요하면 외부 인사에게 검토를 요청한다. 여기에서 노벨위원회는 후보자를 선별하고 최종 후보를 선정하는 기구이며, 5명의 위원으로 구성되어 있으나, 수 년 동안 5명의 위원과 동일한 투표권을 가진 객원 위원을 두고 있다.

노벨위원회는 9월에서 10월 초 사이에 분야별 선정기관에 추천서를 제출하는데, 대부분은 노벨위원회의 추천대로 수상자가 결정되지만, 선정기관들은 반드시 여기에 따르는 것은 아니다. 이때 선정기관에서 행해지는 심사 및 표결 과정은 철저히 비밀에 부쳐지며 토의 내용은 절대로 문서로 남기지 않는다. 노벨상은 단체에도 수상할 수 있는 평화상을 제외하고는 개인에게만 주도록 되어 있으며, 일단 수상자가 결정되고 나면 번복할 수 없다.

노벨위원회에 후보자를 추천할 수 있는 사람은 다음과 같이 구체적으로 정해져 있으며, 이들을 자격있는 추천자(Qualified Nominators)라고 지칭한다.

(1) 스웨덴 왕립과학한림원의 스웨덴 및 외국인 회원
    1739년 설립 이래 1,700명의 스웨덴 회원과 1,200명의 국제 회원을 선출하였으나, 오늘날에는 470명의 스웨덴 회원과 175명의 국제 회원이 있다.[17]

(2) 물리학 및 화학 분야의 노벨위원회 위원

(3) 물리학 및 화학 분야의 노벨상 수상자

(4) 스웨덴, 덴마크, 필란드, 아이슬란드 및 노르웨이의 대학교와 연구소 그리고 카롤린스카 연구소의 화학 정교수 및 부교수

(5) 여러 나라를 적절히 대표하도록 스웨덴 왕립과학한림원이 선정한 적어도 여섯 군데의 대학에서 이에 상응하는 학과장 이상의 지위를 가진 사람

(6) 스웨덴 왕립한림원이 판단하여 추천할 만한 자격이 충분하다고 판단되는 과학자

3. 국가별 노벨상 수상자

노벨상은 국적, 인종, 종교 및 이념에 관계없이 누구나 받을 수 있으며, 노벨상 후보자로 추천될 때에 후보자의 소속기관, 체류 국가 및 도시가 기재되나, 노벨상 수상자의 공식 기록에는 국적 및 인종이 표기되지 않고 출생지가 기록되며, 사망한 경우에는 사망지가 기록된다. 이는 알프레드 노벨의 유언이 있기도 하고, 또한 수상자의 국적 문제가 상당히 복잡하기 때문이다. 국가마다 국적을 결정하는 원칙인 속지주의 혹은 속인주의가 다르고 수상자의 국적이 빈번히 바뀌기 때문이다.

아래의 표 2.2에 각국의 노벨상 수상자 수가 전체(20세기 이후), 과학분야(20세기 이후) 및 과학분야(21세기 이후)로 나뉘어 정리되어 있다.[16] 자세한 내용은 노벨재단의 노벨상 수상자[21], 나무위키의 노벨상/각국 수상 현황[22], 위키 피디어 한국의 나라별 노벨상 수상자 목록[23], 노벨상/대한민국의 분야별 련황[24] 그리고 나무위키의 노벨상 수상자[25-37]를 참고하기 바란다.

표 2.2 각국의 노벨상 수상자 수.

순위	전체 (20세기 이후)	과학분야 (20세기 이후)	과학분야 (21세기 이후)
1	미국 413명	미국 300명	미국 98명
2	영국 140명	영국 97명	영국 26명
3	독일 111명	독일 88명	일본 16명
4	프랑스 74명	프랑스 42명	프랑스 12명
5	스웨덴 33명	일본 25명	독일 11명
6	소련+러시아 33명	스위스 23명	이스라엘 6명
7	일본 30명	캐나다 18명	캐나다 5명
8	캐나다 28명	소련+러시아 18명	스위스 4명
9	스위스 27명	스웨덴 17명	호주 3명

각국의 노벨상 수상자 수를 나타내는 표 2.2에 의하면 20세기 이후에 노벨상 수상자 수는 미국 413명, 영국 140명, 독일 111명, 프랑스 74명, 스웨덴 33명, 소련+러시아 33명, 일본 30명, 캐나다 28명 및 스위스 27명의 순서이다.

다음으로 21세기 이후의 과학 분야의 노벨상 수상자 수를 살펴보면, 미국 98명, 영국 26명, 일본 16명, 프랑스 12명, 독일 11명, 이스라엘 6명, 캐나다 5명, 스위스 4명 및 호주 3명의 순서이다.

여기에서 눈여겨 볼 점은 일본이 16명으로 세계 3위이고, 이스라엘 및 호주가 각각 노벨 과학상 수상자를 6명 및 3명을 배출한 것이다. 유대인은 미국 전체 인구의 0.3%를 차지함에도 불구하고 노벨상 수상자는 25.0%에 달한다. 이러한 이유로는 유대인의 두 명이 짝을 지어 끊임없이 질문하고 대답하며 창의성을 개발하는 '하브루타'교육이 노벨상 수상에 지대한 기여를 하였다고 생각된다.

아시아 국가에서 노벨상 수상자 수를 살펴보면 단연 일본이 압도적이다. 노벨상 수상자가 30명이며, 분야별로는 물리학상 12명, 화학상 8명, 생리학·의학상 5명, 문학상 3명 및 평화상 1명 및 단체 1곳이다. 그런데 경제학상은 없고 여성 수상자도 없다. 일본은 20세기 이후 노벨 과학상 수상자도 25명으로 다른 아시아 국가에 비하여 월등히 높다.

일본에 이어 중국+대만은 노벨상 수상자가 9명이며, 분야별로는 물리학상 4명, 화학상 1명, 생리학·의학상 1명, 문학상 2명 및 평화상 1명이다. 일본과 마찬가지로 경제학상은 없고 여성 수상자도 없다.

중국+대만에 이어 인도는 노벨상 수상자가 7명으로, 분야별로는 물리학상 2명, 화학상 1명, 생리학·의학상 1명, 문학상 1명, 평화상 1명 및 경제학상 1명이다. 특이한 점은 인도는 노벨상 전 분야에서 수상하는 저력을 나타내었다. 특히 아마르티아 센은 '후생경제학'에 대한 연구로 1998년 노벨 경제학상을 아시아에서 최초로 수상하였다.

다음으로 동티모르는 노벨상 수상자가 2명이고 방글라데시도 노벨상 수상자가 2명이며 모두 평화상을 수상하였다. 파기스탄은 노벨상 수상자가 2명이며, 분야별로는 물리학상 1명 및 평화상 1명이다. 특이한 점은 파기스탄이 노벨 물리학상을 수상한 점이다.

마지막으로 한국은 평화상 1명, 문학상 1명, 미얀마, 북베트남 및 티베트는 모두 노벨 수상자가 1명이며 모두 평화상을 수상하였다.

이를 보면 노벨상에도 점점 선진국 및 패권국이 후진국에 비하여 노벨상 수상자가 훨씬 많아 '마태효과'가 나타나고 있다고 생각된다.

노벨상은 1901년에 시상을 시작한 이래, 제1차 세계대전 및 제2차 세계대전으로 부득이 시상이 중단되거나 수상자가 없는 경우에는 시상되지 못했다. 그동안 총 49차례 노벨상이 시상되지 못했음에도 불구하고, 1901년부터 2024년까지 124년 동안 노벨상은 627차례 시상되었다. 개인 981명 및 단체 31곳이 수상하였으며, 단독 수상은 361명에게, 2명 공동 수상은 154명에게 그리고 3명 공동 수상은 123명에게 영예가 돌아갔다. 노벨상이 2명 공동 수상인 경우에는 상금을 2명이 동등하게 나누나, 3명이 공동 수상인 경우에는 상금을 함께 나누어야 하며, 어떠한 경우에도 3명보다 많은 사람이 나누는 경우는 결코 없다.[17]

아래의 표 2.3에서 노벨상 수상자 수를 일목요연하게 확인할 수 있다. 그런데 노벨 재단은 수상자를 영어로 Laureate라고 표현하는데, 이는 그리스 시대에 명예의 상징으로 월계관을 씌어준 데서 유래하며, 경기의 승리자에게 아폴론의 신목인 월계수의 가지와 잎으로 만든 둥근 테를 만들어 명예의 관으로 씌어 준 데서 유래한다.[17]

1901년부터 2024년까지 노벨상 수상자의 이름은 한글 및 영어로 표기하였으며, 나중에 수상자의 이름을 기억하거나 수상자에 관련된 문헌을 찾는데 도움이 되도록 영어 이름을 함께 명기하였다.[17-36]

　그런데 이들 노벨상 수상자 중에는 중복 수상자 뿐만 아니라, 부자간, 부부간, 부녀간, 모녀간, 형제간 및 숙종 간에 함께 수상한 명예로운 노벨상 수상자도 다수가 있어 개인, 가족 및 사회의 명예로 기록된다. 이들에 대하여는 아래의 2절에서 자세히 살펴보도록 한다.

표 2.3 노벨상 수상자 수.

노벨상 (Nobel Prize)	노벨상 수 (Number of Prizes)	수상자 (Number of Laureates)	단독수상 (Awarded to One Laureate)	2명 공동수상 (Shared by Two Laureates)	3명 공동수상 (Shared by Three Laureates)
물리학상	118	227	47	33	38
화학상	116	197	64	26	27
생리학·의학상	115	229	40	36	39
문학상	117	121	113	4	0
평화상	105	111+(31)	71	31	3
경제학상	56	96	26	20	10
합계	627	1,012 =981+(31)	361	154	123

4. 원자설의 발전 과정

최초의 원자설 창시자는 존 돌턴(John Dalton)이다. 그가 발견한 혼합기체의 압력에 대한 '돌턴의 법칙'은 지금까지도 '돌턴의 부분 압력의 법칙'으로 널리 불리고 있다. 그가 1803년에 제창한 원자설은 4개의 가설로 이루어져 있는데, 첫 번째 가설을 제외한 나머지 가설은 오늘날에 오류로 판명되었다. 그에 의하면 그림 2.3에서 볼 수 있는 바와 같이 원자가 더 이상 쪼개지지 않는 단단한 공 모양의 입자로 기술되어 있다. 원자에 대한 그의 4개의 가설은 다음과 같다:

첫째, 같은 원소의 원자는 동일한 크기, 질량 및 성질을 갖는다.

둘째, 원자는 더 이상 쪼개질 수 없는 최소의 단위이다.

셋째, 원자는 다른 원자로 바뀔 수 없다.

넷째, 화학반응에서는 원자의 결합 방식만 달라지므로 질량이 보존된다.

존 돌턴의 원자설 이후에 거의 94년이 지난 1897년에 조지프 존 톰슨(George John Thomson)은 음극선관 실험을 통해 전자를 발견하였고, 그림 2.3에 나타난 바와 같이 원자가 양전하를 띤 원형에 음전하를 띤 전자가 건포도처럼 박힌 푸딩 모양이라고 주장하였다.

이로부터 14년 후인 1911년에는 어니스트 러더포드(Ernest Rutherford)가 우라늄 방사선 연구에서 산란각이 큰 α선을 발견하고, 이의 해석에서 원자 내에 극히 작은 핵, 즉 원자핵의 존재를 발견하였다. 그림 2.3에 나타난 바와 같이 원자는 양전하를 띤 원자핵이 중심에 있고, 그 주위를 전자가 도는 모형을 발표하였다.

어니스트 러더포드가 원자핵을 발견한 2년 후인 1913년에 닐스 보어(Niels Bohr)는 어니스트 러더포드 모형에 막스 플랑크의 양자 가설을 적용하여 원자설을 주장하였다. 그는 전자의 에너지 준위는 이산적이며, 전자는 원자핵 주위의 안정적인 궤도를 돌지만 한 에너지 준위(또는 궤도)에서 다른 에너지 준위(또는 궤도)로만 이동할 수 있다고 제안했다. 그림 2.3에 기술된 바와 같이 원자는 전자가 원자핵으로부터 일정한 거리를 두고 원형으로 운동하는 모형을 제시했다.

닐스 보어의 전자의 이산적인 에너지 준위 모델이 발표된 후에 13년이 흐른 1926년 막스 보른(Max Born)은 슈뢰딩거 방정식에 있는 파동함수의 제곱이 전자가 발견될 수 있는 확률밀도함수라는 해석을 했고, 이는 양자역학의 핵심 토대가 되었다. 따라서 그림 2.3과 같이 원자는 전자가 원자핵 주위에 전자구름을 형성하고 있다고 주장하였다.

원자설을 발전시킨 이들은 존 돌턴을 제외하고 모두 노벨상을 수상하였다. 조지프 톰슨은 1906년 '빛의 입자성 발견'의 공로로 노벨 물리학상을 수상하였고, 어니스트 러더포드는 1902년 '원소의 붕괴와 방사화학 연구'의 공로로 노벨 화학상을 수상하였으며, 닐스 보어는 1922년 '원자구조와 에너지 준위' 발견의 공로로 노벨 물리학상을 수상하였고, 막스 보른은 1954년 '양자역학의 기초연구, 특히 파동함수의 통계적 해석에 관한 연구'의 공로로 노벨 물리학상을 수상하였다. 그런데 불행하게도 존 돌턴은 노벨상이 제정되기 이전인 1844년에 사망하여 애석하게 노벨상을 수상할 수 없었다. 그림 2.3에서 원자설이 발전해 가는 과정을 일목요연하게 보여 주고 있다.[38]

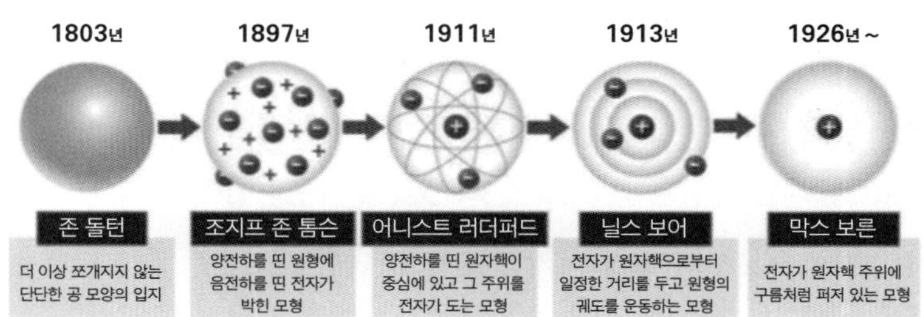

그림 2.3 원자설의 시간에 따른 발전 과정.

5. 노벨상 중복 수상자

1. 마리 퀴리

폴란드 출신인 마리 퀴리(Marie Curie)는 프랑스 국적을 가진 피에르 퀴리와 결혼하여 함께 방사능 연구를 하여 '방사성 물질 폴로늄과 라듐을 발견'한 공로로 1903년 노벨 물리학상을 공동 수상하였다. 보헤미아에서 산출되는 피치블렌드에서 방사되는 방사능을 바탕으로 화학분석을 하여(방사화학분석법), 1898년 7월 폴로늄, 12월에 라듐을 발견하였다. 그들이 발견한 폴로늄과 라듐은 세계 최초로 발견된 방사성 원소이다. 이러한 발견은 방사능 물질에 대한 학계의 관심을 불러 일으켜 새로운 방사능 원소를 탐구하는 계기가 되었다. 그런데 폴로늄은 마리 퀴리의 조국 폴란드를 따서 붙인 이름이다. 그녀의 조국 폴란드에 대한 애국심을 느끼게 한다.

마리 퀴리는 피에르 퀴리와 공동 수상 이후에, 1906년 남편 피에르 퀴리가 마차 사고로 사망한 뒤에도, 단독으로 방사성 물질을 계속 연구하였다. 1907년 라듐 원자량을 정밀하게 측정하는데 성공하였고, 1910년에는 금속 라듐을 분리하는데 성공하여, 1911년 '라듐 및 폴로늄 발견 및 라듐 분리'의 공로로 노벨 화학상을 단독 수상하여 중복 수상의 영예를 안았다. 세계 최초로 노벨상을 받은 여성이고, 성별을 불문하고 노벨상을 중복 수상한 최초의 인물이며, 서로 다른 과학 분야에서 최초로 2관왕을 달성한 유일무이한 여성 수상자이다. 부록 1에 노벨상 중복 수상자가 나타나 있다.

그녀는 이민 온 여성 과학자로서 프랑스 학계의 눈총을 받으면서도 과학을 탐구하려는 열정으로 연구에 매진하였다. 마리 퀴리는 노벨상을 2개나 수상하였지만 프랑스 과학 아카데미에서 폴란드 이민자이고 여성이라는 이유로 회원이 되지 못했고, 거기에다가 여성은 영원히 프랑스 과학 아카데미 회원이 될 수 없다는 결의안을 통과시켰다. 그러면서 이들은 여성의 뇌의 구조는 다르게 생겨 이런 일을 할 수 없다는 막말을 서슴치 않았다. 이 결의안은 1962년까지 오랫동안 유지되었고, 결국 퀴리 부부의 제자로 1939년 프랑슘을 발견한 마르게리테 프레이가 처음으로 프랑스 과학 아카데미의 여성 회원이 되었다.

원래 방사성 물질을 발견하는 연구는 마리 퀴리가 시작한 연구임에도 불구하고, 노벨상을 받지 못할 예정이었고, 남편 피에르 퀴리와 앙투안 베크렐만 받기로 되어 있었다. 당시 마리 퀴리는 과학 아카데미 회원이 아니었기 때문에 문제가 되었다. 그러나 남편 피에르 퀴리가 피치블렌드 원석을 수 일 동안 가열하여 여기에서 얻은 극소량의 폴로늄을 이들에게 주어 반대 의견을 많이 완화시켰다. 더불어 피에르 퀴리는 마리 퀴리와 함께 공동 수상하게 해달라고 탄원서를 수 차례 올린 까닭에 부부가 공동 수상이 가능했다고 한다. 일부 사람들은 '남편 잘 만나 노벨상을 탔다.'고 빈정거렸다. 그러나 많은 사람들은 마리 퀴리의 업적을 인정하였다고 한다.

제1차 세계대전 중에는 그녀의 딸 이렌 졸리오퀴리와 함께 구급차에 엑스레이 사진을 찍을 수 있는 장비를 설치하고 의료봉사에 참여하는 인간적인 면모도 나타냈다. 이러한 구급차를 '리틀 퀴리'라고 불렀으며 20대 정도를 만들었다. 그녀는 장녀 이렌 졸리오퀴리와 함께 뢴트겐 투사기를 사용하여 부상자들의 몸에 박힌 총의 파편이 있는 부분을 알아내, 이를 제거함으로써 100만 명이 넘는 부상자들을 치료하였다. 따라서 많은 부상자들의 목숨을 구할 수 있었다. 그녀를 주인공으로 하는 "마리 퀴리" 영화 혹은 서적에서 그녀의 연구, 사랑 및 신념 등을 읽을 수 있다.

그러나 마리 퀴리는 제1차 세계대전 중에 부상 당한 병사들의 엑스레이 사진을 찍기 위하여 방사선에 많이 노출되어 1934년 7월 4일 백혈병으로 사망하였다. 다행이 그녀의 국가에 대한 기여와 헌신을 깨달은 정부에 의하여 1995년 4월 20일 여성으로는 프랑스 역사상 최초로 역대 위인들이 안장되어 있는 파리 팡테옹 신전에 피에르 퀴리와 함께 묻혔다. 그림 2.4에서 마리 퀴리의 인물사진과 그녀가 부상병들을 치료한 구급차 '리틀 퀴리'의 모습을 볼 수 있다.[39-40]

마리 퀴리는 전 생애에 걸쳐 5권의 서적을 출간하였다. 《과학이 어려운 딸에게》, 《퀴리 부인이 딸에게 들려주는 과학 이야기》, 《퀴리 부인》,《방사성 물질》,《내 사랑 피에르 퀴리》 등이 있다. 마리 퀴리는 이미 200년 전에 영재 조기교육을 몸소 실천하였다. 1907년 프랑스 소르본 대학의 강의실에서 매주 목요일마다 10대의 학생들을 위한 강의를 하였다.

이 때의 주제로는 〈공기의 무게를 어깨로 어떻게 느낄 수 있을까〉, 〈무게는 어떻게 잴 수 있을까〉, 〈고체와 액체의 밀도는 어떻게 알 수 있을까〉, 〈모양이 일정하지 않은 물체의 밀도는 어떻게 측정할 수 있을까〉, 〈공기와 진공을 어떻게 구별할 수 있을까〉, 〈아르키메데스의 원리란 무엇인가〉, 〈물은 어떻게 우리 집까지 올 수 있을까〉, 〈배는 어떻게 물 위에 뜰 수 있을까〉, 〈달걀은 물 위에 뜰 수 있을까〉, 〈기압계는 어떤 원리인가〉 등이었다. 이는 10대 영재들의 호기심을 자극하였고, 그녀는 손수 실험을 어떻게 수행해야 되는지를 보여주고 가르쳐 주었다.

(a) (b)

그림 2.4 노벨상 중복 수상자 (a) 마리 퀴리의 인물사진 및
(b) 제1차 세계대전 중에 사용한 구급차 '리틀 퀴리'의 모습.

2. 라이너스 폴링

화학 결합론의 본질을 이해하기 위하여 공명, 전기음성도, 이온 반지름 및 공유결합 반지름 등의 많은 유용한 개념을 정립한 라이너스 폴링(Linus Pauling)은 '화학적 결합의 특성 연구: 전기 음성도 및 혼성 오비탈'이라는 공로로 1954년 노벨 화학상을 단독 수상하였다. 그는 화학결합의 본질을 규명하고 이를 이용하여 복잡한 물질의 구조를 규명하는데 탁월한 업적을 쌓았다. 또한 그는 '핵무기의 국제적 통제를 위한 노력, 핵실험 반대운동 공로'로 1962년 노벨 평화상을 단독 수상하여 다른 분야에서 중복 수상하였다.

그는 유럽에 2년간 유학하면서 독일의 아놀드 좀머필드, 덴마크의 닐스 보어 및 오스트리아 어빈 수뢰딩거 등의 석학으로부터 양자역학을 접하게 되었으며, 이로부터 분자의 정확한 미시적 구조가 물질의 화학적, 물리적 특성은 물론 복잡한 생리적 기능을 결정하는 중요한 요인이라는 사실을 밝혀냈다.

양자역학(Quantum Mechanics)은 원자 분자 등 미시적인 물질세계를 설명하는 현대물리학의 기본 이론이다. 양자역학 이전의 물리학을 이와 대비하여 고전 물리학이라 부른다. 고전 물리학은 일상생활에서 느끼는 규모의 거시적 물질세계를 설명하는데 유용하다. 양자역학 결과를 거시적인 규모로 근사할 때 고전 물리학 결과의 대부분을 유도할 수 있다. 따라서 양자역학이 정확한 이론이라고 한다면 고전 물리학은 잘못된 것이 아니라 근사적인 이론이라고 볼 수 있다. 이는 측정 기술이 비약적으로 발전함에 따라서 고전 물리학으로 설명하지 못하는 현상들을 발견하였기 때문이라고

도 볼 수가 있다.

양자는 라틴어에서 유래하였으며 '얼마나 큰지(How Great or How Much)'라는 의미이며, 양자역학에서 그것은 원자의 에너지와 같은 물리적 특성의 불연속성을 가리킨다. 양자역학이 고전 물리학과 다른 특징은 크게 3가지로 요약된다. 첫째, 양자화(Quantization)로서 에너지, 운동량, 각운동량 등이 특정 값들에 제한되어 있다. 둘째, 파동-입자 이중성(Wave-Particle Duality)으로서 미시적인 현상에서는 파동의 특성과 입자의 특성이 동시에 관찰되는데 이를 파동-입자 이중성이라고 한다. 그러나 거시 세계에서는 파동 현상과 입자 현상은 분명하게 구별할 수 있다. 셋째, 불확정 원리(Uncertainty Principle)로서 물질의 어떤 특성들은 동시에 정확하게 측정하는데 한계가 있다.

이의 역사를 살펴보면 1900년 막스 플랑크(Max Plank)는 흑체 복사 스펙트럼을 설명하는 식에 양자역학을 처음으로 도입하였다. 이어서 알베르트 아인슈타인(Albert Einstein)은 1905년에 발표된 논문 중에서 광전효과를 설명하는데, 파동의 입자성과 막스 플랑크의 양자 개념을 사용하였다. 또한 1913년에 발표된 닐스 보어의 수소 원자에 대한 보어 모형(Bohr Model)은 양자 개념을 확장하고 양자역학을 수학적으로 표현하는 출발점이 되었다. 이어서 루이드 드 브로이(Louis de Broglie)는 물질파를 통해 물질에 파동성을 도입하고, 어빈 슈뢰딩거(Erwin Schrodinger)는 파동방정식, 베르너 하이젠베르크(Werner Heisenberg)는 불확정 원리와 행렬 역학 그리고 막스 보론은 파동함수의 해석 등을 수행하여 양자역학의 발전에 크게 기여하였다.

라이너스 폴링은 반핵운동의 일환으로 "더 이상의 전쟁은 없어야 한다(No More War)"라는 서적을 발간하여, 과학이 전쟁의 도구가 되어 가는 과정을 고발하고, 과학은 전쟁이 아닌 평화를 위해 공헌해야 한다고 역설하였다. 또한 핵실험의 위험성을 사람들에게 홍보하였다. 그림 2.5에서 그가 연구한 단백질의 삼중나선 구조의 모형과 함께 있는 인물사진을 볼 수 있으며 반핵운동을 위한 시위 모습도 볼 수 있다.[41-42]

라이너스 폴링의 업적은 '화학결합의 성질을 연구하고, 이를 복잡한 물질의 구조 연구에 적용'함으로써 물질의 구조를 알아내는 데 공헌하였다. 1953년에 DNA가 이중나선 구조를 하고 있다는 사실을 발견한 제임스 왓슨은《이중나선》서적을 통해 'DNA 구조의 발견에 가장 강력한 경쟁자로 이미 단백질의 삼중나선 구조를 규명한 미국의 라이너스 폴링을 거론하였다. 그리고 라이너스 폴링이 DNA 구조를 밝히는데 미국 정부로부터 여권 발행이 거부돼 유럽에서 개최되는 각종 학회에 참석할 수 없음으로 DNA를 찍은 최신의 X선 회절 사진을 접할 수 없었기 때문이다.'라고 밝히고 있다.[43]

그는 전기 자동차를 고안한 선구자이다. 우리가 잘 알고 있는 바와 같이 1943년에 자동차의 배기가스로 로스앤젤레스 스모그가 발생하였다. 환경문제에 많은 관심을 가진 라이너스 폴링은 가솔린 자동차 배기가스에 의한 환경오염 문제를 해결하기 위하여, 이를 대체할 수 있는 대체 연료를 찾는 중에 전기자동차를 생각해 냈다. 그러나 그가 개발한 전기자동차의 배터리 용량이 충분하지 못

(a)   (b)

그림 2.5 노벨상 중복 수상자 라이너스 폴링의 (a) 단백질 삼중나선구조 뒤의 인물사진 및
(b) 반핵 운동 시위의 모습.

해서 속력이 빠르지 않았던 까닭에 실용화하지는 못했지만 그의 선경지명은 다른 사람을 80년 정도 앞서가고 있었다.

3. 존 바딘

존 바딘(John Bardeen)은 1956년 '트랜지스터 발명'의 공로로 노벨 물리학상을 윌리엄 쇼클리 및 월터 브래튼과 함께 공동 수상하였다. 그리고 1972년에는 '초전도 BCS 이론의 개발'의 공로로 리언 쿠퍼 및 존 슈리퍼와 함께 노벨 물리학상을 공동 수상하여 중복 수상하였다. 그림 2.6에서 존 바딘의 인물사진과 여러 가지 종류의 트랜지스터를 볼 수 있다.[44-45]

트랜지스터는 진공관을 대체하기 위하여 만들었다. 게르마늄, 실리콘을 이용하여 전자 신호 및 전력을 증폭하거나 스위칭하는 데 사용하는 반도체 소자이다. 여기에는 세 개 이상의 전극이 있다. 트랜지스터는 현대의 전자 기기를 구성하는 굉장히 흔한 부품 중

 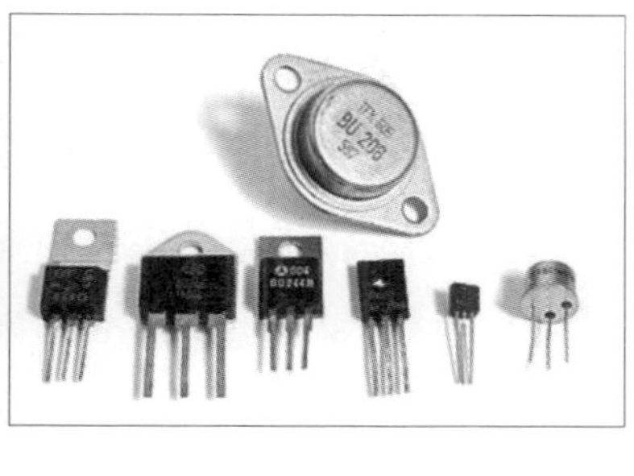

(a)　　　　　　　　　　　(b)

그림 2.6 존 바딘의 (a) 인물사진과 (b) 여러 종류의 트랜지스터 모양.

하나이다. 1947년 미국의 벨 연구소에서 존 바딘, 월터 브래튼 및 월리엄 쇼클리가 처음으로 만들었다. 이러한 트랜지스터가 개발된 후 트랜지스터는 전자공학에 대변혁을 일으켰다. 트랜지스터의 출현으로 인해 더 작고 값싼 라디오, 계산기 및 컴퓨터 등이 개발되었다.

1957년 존 바딘 교수와 박사 후 연구원 리언 쿠퍼 그리고 대학원생 존 슈리퍼는 그 동안 베일에 쌓여 있던 초전도 현상을 설명하는 'BCS 이론'을 만들었다. BCS 이론에 따르면 '초전도체의 임계온도는 25K이다.'라고 하였다. 아주 낮은 온도를 표시하기 위하여 절대온도를 도입하는 데 절대온도(K)=섭씨온도($℃$)+273이다. 그들의 BCS 이론은 두 전자 사이의 반발력뿐만 아니라, 서로 당기는 인력이 작용할 수 있으며, 이러한 인력 때문에 두 개의 전자가 하나의 쌍을 이루어 초전도 현상이 생긴다는 점이다.

그러다가 1986년 스위스 취리히 IBM 연구소의 게오르크 베드노르츠(Georg Bednorz)와 알렉스 뮬러(Alex Muller)가 세계 최초로 임

계온도 35K를 가진 산화물 고온 초전도체를 발견하여 '새로운 초
전도 물질 개발'의 공로로 1987년 노벨 물리학상을 공동 수상하였
다. 이로써 상온 초전도체의 가능성이 제시되었다.

특정 온도 이하에서 물질의 전기저항과 내부 자속밀도가 0이 되
는 현상을 초전도라 부르며 이러한 현상이 일어나는 물질을 초전
도체라고 한다. 이러한 현상은 1911년 네델란드의 과학자 카멜린
오네스(Kamerlingh Onnes)가 액체 헬륨을 이용하여 고체 수은의 저
항을 측정하는 실험을 하던 중, 절대온도 4.2K에서 수은의 전기저
항이 0이 되는 초전도 현상을 처음으로 발견하였다.

초전도 현상이 일어나는 특정 온도를 임계온도(Critical Tempera-
ture, Tc)라 하는데 1913년에 납의 임계온도가 7K임을 측정하였고,
1941년에는 질화 니오비움의 임계온도가 16K임을 확인하였다. 이
와 같은 초전도 현상은 다양한 종류의 물질에서 나타나며, 수은
(Hg)과 납(Pb) 같이 한 가지 원소, 질화 니오비움(NbN) 같은 합금,
이붕화 마그네슘(MgB2) 같은 세라믹 그리고 폴러렌, 탄소나노튜
브 같은 유기화합물에서도 초전도 현상이 발견되었다. 그림 2.7의
왼쪽 제일 아래 부분에서 수은, 납 및 질화 니오비움의 임계온도를
발견할 수 있다.

초전도 현상은 금이나 은 같은 귀금속에서는 나타나지 않고, 순
수하게 강자성을 띄는 금속에서도 나타나지 않는다. 구리나 은과
같은 도체는 0K 근처에서도 실제 시료의 저항은 어느 값 이하로
감소하지만, 초전도체는 임계온도 이하로 내려가면 갑자기 저항이
0으로 감소해야 한다. 이와 함께 초전도체에 임계 자기장 이상의

외부 자기장을 가하면 초전도 특성을 잃어버리고 정상 상태로의 전이가 일어난다.

1987년 미국 앨라배마 대학교의 우(M. K. Woo) 교수팀은 액체 질소 온도(77K)보다 높은 92K의 임계온도를 가진 YBaCuO 계열의 초전도체를 발견하였다. 초전도체의 임계온도가 발전해 가는 경향을 그림 2.7에서 확인할 수 있다.[46] 초전도체 YBaCuO 산화물은 그림 2.7의 중앙 상단에 위치하고 있다. 이 그림의 오른쪽 축에 초전도를 일으키기 위하여 사용할 수 있는 액체의 온도가 표시되어 있다. 초전도체의 임계온도를 높히는 연구가 전 세계적으로 널리 진행되고 있는 이유는 고가의 액체 헬륨을 사용하는 것보다는 저렴한 액체 질소를 사용하는 것이 비용이 훨씬 적게 들어 경제적이기 때문이다. 궁극적으로 상온 초전도체가 발견된다면 냉각할 필요가 없어지게 된다.

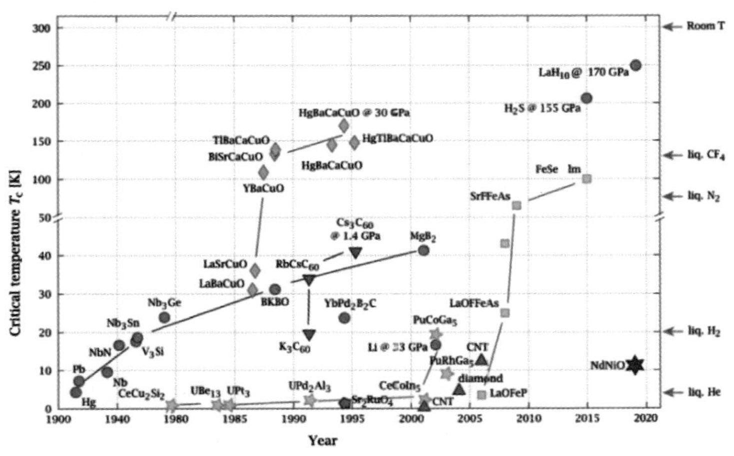

그림 2.7 초전도체의 임계온도(Tc) 변화 추이.

4. 프레더릭 생어

프레더릭 생어(Federick Sanger)는 '인슐린 분자의 구조 결정: Sanger DNA Sequencing'의 공로로 1958년 노벨 화학상을 단독 수상하였다.

또한 '핵산 염기 서열 분석 방법 고안'으로 폴 버그 및 월터 길버트와 함께 1980년 노벨 화학상을 공동 수상하여 중복 수상하였다. 그림 2.8에서 프레더릭 생어의 모습 및 인간의 췌장 부위를 확대한 사진을 볼 수 있다.[47]

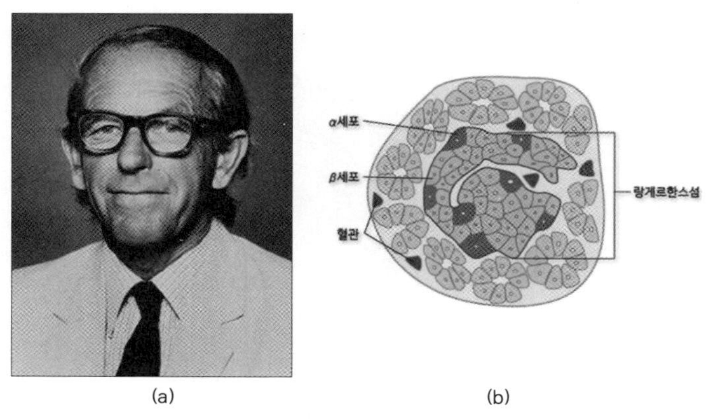

(a) (b)

그림 2.8 프레더릭 생어의 (a) 인물사진 및 (b) 인간의 췌장 부위를 확대한 사진.

당뇨병은 인슐린의 분비량이 부족하거나 정상적인 기능이 이루어지지 않는 경우에 혈중 포도당이 분해가 안 되어 이의 농도가 높아지게 된다. 그 결과 우리 몸에 여러 가지 합병증을 일으켜 돌이킬 수 없는 후유증을 남긴다. 예를 들면 만성 합병증으로는 동맥경화증, 관상동맥 질환, 심근병증 등의 대혈관 질환과 신장병증, 신경

병증, 망막병증 등의 미세혈관 질환이 있다.

인슐린은 그림 2.8b에 나타난 바와 같이 우리 몸의 췌장의 β세포에서 분비되는데, 췌장의 기능 저하로 인슐린이 분비되지 못하면 혈당을 조절할 수 없어 외부에서 투여해 주어야 한다. 1869년 독일 베를린 대학교의 의대생인 폴 랑게르한스(Paul Langerhans)가 췌장의 조직학을 연구하던 중, 췌장에서 세포 덩어리를 발견한다. 나중에 췌장 속 인슐린을 분비하는 세포군을 최초의 발견자 이름을 따서 '랑게르한스 섬'이라 부른다. 과거에는 당뇨병에 걸리면 1-2년 정도 밖에 살 수 없었다고 하니 인슐린이 얼마나 위대한 발명인지 알 수 있다. 한국인 10명 중에서 1명은 당뇨병을 앓고 있으며 이를 당뇨병 전 단계까지 포함하면 10명 중 3명에 이른다. 이들은 당뇨병 환자이거나 잠재적 당뇨병 환자이다.[48]

이와 같이 역사상 위대한 발명 중 하나인 인슐린(Insulin)은 우연에 의해 발견되었다. 1889년 프랑스 스트라스부르 대학교의 생리학자 오스카 민크스키와 조셉 폰 메링은 췌장이 소화에 어떤 영향을 미치는지를 연구하던 중, 그들은 건강한 개의 췌장을 제거했는데, 며칠 후에 이 개의 소변 주위로 파리가 떼 지어 날라드는 것을 보았다. 이로부터 두 사람은 개의 소변 안에서 당 성분을 발견했다. 그들은 개에서 췌장을 제거한 결과 당뇨가 생겼다는 것을 알았다. 이 발견은 세계의 수 많은 과학자들이 췌장에서 발생하는 물질이 무엇인지 연구하는 기폭제가 되었다.

그중에서 캐나다 토론토 대학교의 프레더릭 밴팅(Frederic Banting)과 그의 제자 찰스 베스트는 '인슐린'이라 부른는 췌장 분비물을 분리하게 된다. 따라서 개의 췌장을 제거한 후에 췌장 추출물을 다시 주사하는 방식으로 실험용 개가 계속 생존할 수 있음을 증명하는 방법을 사용하였다. 이 추출물이 바로 '인슐린'이었다. 92번째 개에게 소로부터 추출된 인슐린을 투여하였을 때 마침내 실험에 성공하였고, 당뇨병 치료의 획기적인 전기를 맞았다.

1922년 프레더릭 밴팅은 당뇨로 죽음에 가까운 14세의 소년에게 인슐린을 최초로 실험하였는데, 처음에는 알레르기 반응이 있었으나, 몇 주 만에 정상적으로 건강을 회복하였다. 인슐린이 세계 최초로 당뇨병의 치료제로 쓰인 날이었다. 인슐린으로 환자를 돕고 싶었던 프레더릭 밴팅은 단돈 1.5불에 특허를 그의 대학교에 팔았다. 그로부터 1년 후에 세계적 제약회사 '엘리 릴리(Eli Lilly)'가 인슐린을 판매하여 막대한 수익을 기록하였다. 프레더릭 밴팅의 인간애의 발로로 많은 당뇨병 환자들이 목숨을 구하고 장시간에 걸친 병마의 고통에서 헤어날 수 있었다.

5. 칼 샤플리스

칼 샤플리스(Karl Sharpless)는 2001년 '키랄 촉매 산화 반응에 대한 연구'의 공로 그리고 윌리엄 놀스 및 노요리 료지는 '키랄성 촉매 수소화 반응에 대한 연구'의 공로로 노벨 화학상을 공동 수상하였다. 또한 그는 2022년 '클릭화학과 생물 직교 화학 개척'의 공로로 캐롤린 버토지 및 모르텐 멜랄과 함께 노벨 화학상을 공동 수상하여 중복 수상하였다.

그는 서로 거울상인 두 가지 형태로 생성되는 분자(거울상 이성질체)에서 촉매를 사용하여 한 가지 굴질만 선택적으로 합성하는 방법을 개발하였다. 이를 응용하여 가장 심각한 질병인 위궤양과 고혈압 약의 생산에 널리 사용될 수 있었다. 2001년 노벨 화학상을 공동 수상한 윌리엄 놀스와 노요리 료지는 '키랄 촉매에 의한 수소화 반응'을 이용하여 파킨슨씨 병의 치료제 엘-도파(L-DOPA)의 대량생산 방법을 개발하였다.[49]

키랄(Chiral)은 두 손과 같이 서로 거울상인 두 가지 형태로 존재하는 분자들을 말한다.[50] 이런 분자들을 키랄이라고 하며 손을 의미하는 그리스어 키라에서 유래하였다. 우리의 두 손은 생명과 관련된 분자들처럼 키랄이다. 즉 오른손은 왼손의 거울상이다. 이를 거울상 이성질체라 부른다. 우리 몸의 세포에서는 거울상 형태 중 오로지 한 가지만 관찰된다. 이는 효소, 항체, 호르몬 및 DNA 등에서 발견된다. 그림 2.9에서 칼 샤플리스의 모습 및 거울상 이성질체의 키랄 분자를 보여주고 있다.[51]

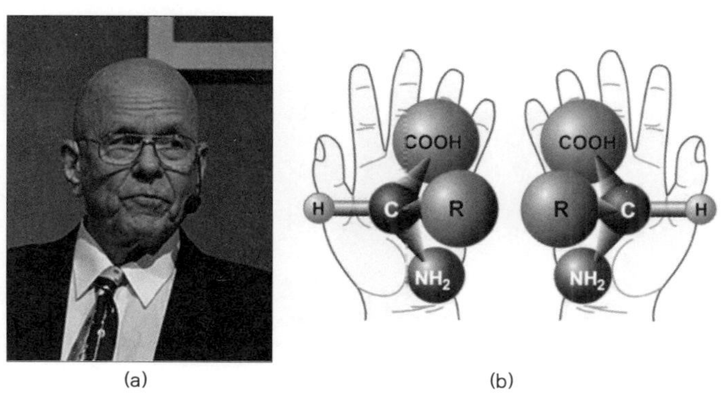

그림 2.9 칼 샤플리스의 (a) 인물사진 및 (b) 키랄성, 손대칭성 그리고 비대칭을 가진 분자.

그런데 종종 거울상 형태 중에서 한 가지 형태만 효험이 있다. 다른 형태는 유해할 수도 있다. 예를 들면, 탈리도미드(Thalidomide) 라는 약은 1960년대에 임산부에게 처방되었는데, 한 가지 거울상 형태는 메스꺼움을 없애 준 데 반해, 다른 한 가지는 치명적인 기형아를 출산할 수도 있다. 그래서 가능한 한 순수하게 각각의 거울상 형태를 생산하는 것은 매우 중요하다. 실제로 실험실에서 화합물을 합성할 때 같은 양의 두 가지 거울상 형태가 만들어지는 것이 일반적이다. 따라서 한 가지 형태만 합성할 수 있는 촉매를 개발하

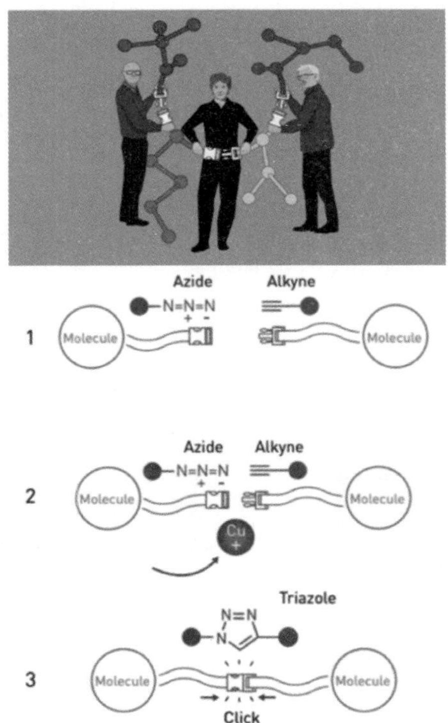

그림 2.10 구리 촉매를 이용한 아자이드-알카인 고리첨가반응의 클릭화학.

는 것은 매우 긴요하다.

　클릭화학(Click Chemistry)이란 안전벨트를 맬 때에 딸깍(Click)하
며 손쉽게 잠기는 것처럼 서로 다른 화학 작용기가 간단하게 결합
하는 반응을 말한다. 이 반응은 열을 가하거나 복잡한 촉매의 도움
없이도 상온에서 쉽게 일어난다. 즉 높은 선택성을 가지고 빠르게
반응하며, 불필요한 부산물 없이 높은 수율로 목적하는 생성물이
얻어지게 된다. 여기에 '구리 촉매를 이용한 아자이드-알카인 고리
첨가반응'의 과정이 그림 2.10에 도시되어 있다.

6. 노벨상 부자간 수상자

1. 조지프 존 톰슨과 조지 패짓 톰슨

우리가 익혀 아는 바와 같이 아버지 조지프 존 톰슨(Joseph John Thomson)은 금속의 표면을 자외선으로 때릴 때, 금속의 표면에서 전자가 방출되는 광전효과로부터, 빛의 진동수가 금속에 따라 주어지는 특정한 한계치보다 작으면 전자가 방출되지 않아, 이것은 에너지 뭉치가 존재한다는 증거라고 판단하고, 전자의 입자설을 주장하여 '빛의 입자성 발견'의 공로로 1906년 노벨 물리학상을 단독 수상하였다. 앞의 2장 4절에서 살펴본 원자설의 발전 과정에서 아버지 조지프 존 톰슨은 전자를 발견하였다. 그는 완전한 진공과 음극선관을 가지고 실험을 하였으며 음극선관의 한쪽 끝을 인광된 페인트로 덮었다. 그 결과 빛이 전기장의 영향을 받아서 음전하가 가리키는 방향으로 휘는 것을 발견하였다.

반면에 아들 조지 패짓 톰슨(George Paget Thomson)은 1937년 아

버지와 정반대로 전자들이 금박을 통과할 때 회절 무늬를 나타내는 것을 보고, 파동설을 주장하여 '빛의 파동설 발견'의 공로로 클린턴 데이비슨과 함께 노벨 물리학상을 공동 수상하였다. 부록 2에 노벨상 부자간 수상자가 나타나 있다.

이들은 특이하게 부자간에도 신념에는 양보가 없는 것 같다. 아버지는 자외선이 금속을 때릴 때 발생되는 전자로부터 빛의 입자설을 주장하였고, 반면에 아들은 빛이 전기장의 영향을 받아 휘는 것을 보고 빛의 파동설을 주장하였다. 그림 2.11에 아버지 조지프 존 톰슨과 아들 조지 패짓 톰슨의 모습을 볼 수 있다.[52-53]

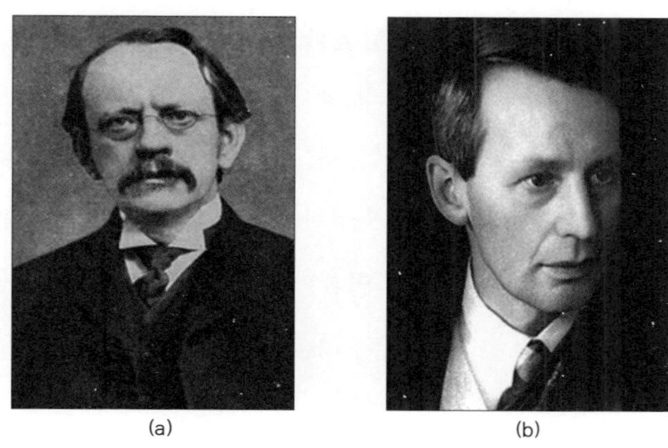

그림 2.11 노벨상 부자간 수상자 (a) 조지프 존 톰슨 및 (b) 조지 패짓 톰슨.

2. 윌리엄 헨리 브래그와 윌리엄 로렌스 브래그

아버지 윌리엄 헨리 브래그(William Henry Bragg)는 아들 윌리엄 로렌스 브래그(William Lawrence Bragg)와 함께 'X선을 이용한 결정 구조 분석'이라는 공로로 1915년 노벨 물리학상을 공동 수상하였다. 아버지 윌리암 헨리 브래그는 호주의 애들레이드 대학에서 그의 연구에 필요한 모든 장비들을 직접 만들어 보았고, 이런 경험을 살려 영국으로 돌아간 다음에 X선의 파장을 정확히 측정할 수 있는 X선 분광기를 설계하였다.

1912년에 독일의 물리학자 막스 폰 라우에(Max von Laue)가 결정이 X선을 회절시킬 수 있다고 발표했는데, X선이 빛과 같지만 파장이 훨씬 짧은 파동임을 암시하였다. 아버지 윌리엄 헨리 브래그와 케임브리지 대학교에서 물리학을 전공하고 있던 아들 윌리엄 로렌스 브래그는 결정 구조 연구에 X선을 적용하기 시작하였다.

그들이 1912년부터 연구를 시작한 지 1년도 안돼서 그 유명한 '브래그 법칙(Bragg's Law)'을 발견하여 노벨 물리학상을 수상하였다. 브래그 법칙은 X선이 결정의 격자에 의해 회절되는 방법으로부터 결정 내부의 원자들의 위치를 계산할 수 있다. 아들 윌리엄 로렌스 브래그는 노벨 물리학상을 수상한 다음에 단백질 구조에 관심을 갖게 되었고, 1948년 물리학을 이용하여 생물학의 문제를 해결하는 그룹을 만들어 책임을 맡았다. 그는 캐임브리지 대학교의 캐번디시 연구소에서 제임스 왓슨, 프랜시스 크릭 및 프레더릭 윌킨스를 지원하여, 1953년 DNA의 구조를 발견하는데 큰 역할을 하였다.

이들도 특이하게 아버지가 실험을 수행하고 아들이 이론을 개발하였다. 윌리엄 로렌스 브래그가 노벨 물리학상을 수상한 나이가 겨우 25세 8개월 14일로 세계 최연소 노벨상 수상자로 99년간 자리 매김하였다. 그림 2.12에서 아버지 윌리엄 헨리 브래그 및 아들 윌리엄 로렌스 브래그의 모습을 볼 수 있다.[54-55]

(a)   (b)

그림 2.12 노벨상 부자간 수상자 (a) 윌리엄 헨리 브래그 및 (b) 윌리엄 로렌스 브래그.

3. 닐스 보어와 오게 닐스 보어

보어의 원자 이론으로 유명한 아버지 닐스 보어(Niels Bohr)는 원자구조에 대한 연구에서, 에너지는 양자화 되어 있어, 원자의 에너지가 감소하면 그만큼의 에너지가 빛의 광자로 방출된다는 사실로부터, Bohr의 진동수 조건을 발견하여 '원자구조와 에너지 준위'에 대한 공로로 1922년 노벨 물리학상을 단독 수상하였다. 그리고 아들인 오게 닐스 보어(Aage Niels Bohr)는 '원자핵의 운동'을 고찰하여 벤 모텔손 및 레오 레인워터와 함께 1975년 노벨 물리학상을 공동 수상하였는데, 아버지는 원자구조를 연구한 반면에 아들은 원자핵을 연구하였다. 그림 2.13에서 아버지 닐스 보어 및 아들 오게 닐스 보어의 모습을 볼 수 있다.[56-57]

그림 2.14에 나타난 바와 같이 닐스 보어의 '원자구조와 에너지 준위'에서 원자 궤도에 국한된 음전하를 띤 전자는, 작고 양전하를 띤 원자핵 주위를 돌고 있으며, 궤도 사이의 양자 점프는 $\triangle E = h\nu$

를 만족시키며 방출되거나 흡수되는 전자기파의 양을 동반한다. 여기에서 h는 막스 플랑크 상수이며 v는 진동수이다.

그림 2.13 노벨상 부자간 수상자 (a) 닐스 보어 및 (b) 오게 닐스 보어.

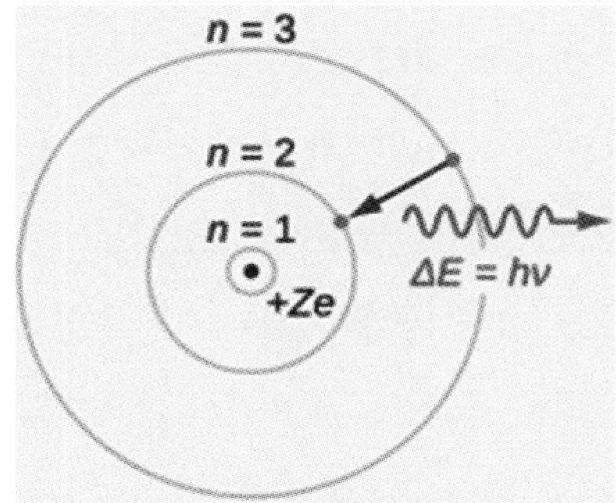

그림 2.14 수소 원자의 보어 모형.

4. 칼 만네 예오리 시그반과 카이 만네 뵈리에 시그반

전자 분광학 분야에서 아버지 칼 만네 예오리 시그반(Karl Manne Georg Siegbahn)은 'X선 분광학에 대한 연구'의 공로로 1924년 노벨 물리학상을 단독 수상하였다. 그리고 아들 카이 만네 뵈리에 시그 반(Kai Manne Borge Siegbahn)은 '전자분광법 개발' 연구의 공로, 니콜라스 블룸베르헨 및 아서 숄로는 '레이저 분광학의 개발'의 공로로 1981년 노벨 물리학상을 공동 수상하였다. 이들은 전자가 가속되어 금속에 부딪칠 때에 방출되는 X선 등의 전자 분광학을 취급하였다.

아버지 칼 만네 예오리 시그반은 X선 분광학 연구에서 여러 가지의 새로운 장치와 방법을 개발하여 측정 정밀도를 향상시켜서 양자물리학 발전의 실험적 기초에 공헌하였다. 그리고 아들 카이 만네 뵈리에 시그반은 고해상 전자분광학 발전에 공헌했으며, '화학분석을 위한 전자 분광학(ESCA)' 방법을 개발하였다. 이는 원자들의 산화 및 환원 상태를 확인할 수 있어 화학분석에 지대한 공헌을 하였다.

5. 한스 폰 오일러켈핀과 울프 폰 오일러

아버지 한스 폰 오일러켈핀(Hans von Euler-Chelpin)은 '당의 발효와 이 반응에 관여하는 효소작용에 관한 연구'의 공로로 1929년 노벨 화학상을 아서 하든과 함께 공동 수상하였다. 그리고 아들 울프 폰 오일러(Ulf von Euler)는 '신경말단에서 체액성 전달물질의 발견과 이것의 저장, 방출, 비활성 메커니즘에 관한 연구'의 공로로 버나드 카츠 및 줄리어스 액셀로드와 함께 1970년 노벨 생리학·의학상을 공동 수상하여, 부자가 다른 분야에서 노벨상을 수상하였다.

아버지 한스 폰 오일러켈핀은 노벨 화학상을 수상한 이후에도 비타민에 대한 연구를 하여 비타민의 카로틴이 가장 우수함을 밝혀냈다. 아들 울프 폰 오일러는 신경 자극이 신경을 따라 신경 종

말까지 빠른 속도로 전달되는 전위의 변화라는 사실에 근거하여, 이와 같이 신경 말단에 전달된 신경 자극은 다시 새로운 자극을 일으키고, 이를 신체 내 근육(筋肉) 또는 샘(腺) 등으로 전달한다.

우리는 이와 같은 신경 자극의 전달이 마치 전류가 전선을 지나가는 것처럼 물리적으로 일어난다고 오랫동안 생각해 왔다. 그러나 20세기에 들어와서 헨리 데일과 오토 뢰비가 이 신경 자극이 화학적으로 전달된다는 것을 밝혀냈다. 그들은 신경종말에서 어떤 생물학적 활성물질이 분비되어 신경지배 구조가 전기적으로 활성화된다고 하였다. 이처럼 신경종말과 신경지배 구조는 기능적으로 연결되어 있다. 신경자극을 전달하는 화학적인 매개체가 발견되면서 신경화학 및 신경생리학 분야가 빠르게 성장하였다.

6. 아서 콘버그와 로저 콘버그

아버지 아서 콘버그(Arthur Kornberg)는 'RNA와 DNA의 생물학적 합성 메커니즘 발견'의 공로로 세베로 오초아와 함께 1959년 노벨 생리학·의학상을 공동 수상하였다. 그리고 아들 로저 콘버그(Roger Kornberg)는 '유전자 정보 전사 과정 연구'의 공로로 2006년 노벨 화학상을 단독 수상하였다.

아버지 아서 콘버그는 미생물의 중간대사 특히 조효소에 의한 생합성 분해의 연구 업적을 남겼다. 그리고 DNA의 중합효소(DNA Polymerase)를 발견한 공로로 노벨 생리학·의학상을 수상하였다. 그리고 아들 로저 콘버그는 진핵생물의 유전정보가 전사되는 과정을 분자 수준에서 규명한 공로로 노벨 화학상을 수상하였다.

7. 수네 베리스트룀과 스반테 페보

아버지 수네 베리스트룀(Sune Bergstrom)은 '콜레스트롤의 생합성 및 대사 연구'의 공로로 벵트 사무엘슨 및 존 베인과 함께 1982년 노벨 생리학 · 의학상을 공동 수상하였다. 그리고 아들 스반테 페보(Svante Paabo)는 '멸종된 호미닌 유전체의 인간 진화에 대한 연구'의 공로로 2022년 노벨 생리학 · 의학상을 단독 수상하였다. 이들은 같은 분야에서 노벨상을 수상하는 부자간이 되었다.

아버지 수네 베리스트룀은 빌산(Bile Acid) 및 콜레스트롤(Cholesterol)의 생합성 및 대사를 연구하였다. 여기에서 빌산은 쓸개즙의 주요 성분으로 지방의 소화와 흡수를 촉진하고 지용성 비타민, 카로틴 및 호르몬 등의 작용을 돕는다.

그리고 아들 스반테 페보는 인간이 두 발로 걷기 시작한 호미닌(Hominin) 인류와 현생 인류의 유전체를 밝히기 위한 뜻깊은 연구를 수행하였다. 고유전학은 호미닌이라는 두 발로 서서 걷던 초기 인류를 대상으로 하는 유전학이다. 그는 수십 년 동안 호미닌과 현생 인류의 연관성을 밝히기 위하여 2009년 네안데르탈인의 게놈(Genome) 전체를 해독하기도 하였다. 또한 70,000년 전 아프리카에서 이주한 후 현재 멸종된 호미닌의 유전자가 현생 인류인 호모 사피엔스(Homo Sapiens)로 전달되었음을 밝혀냈으며, 이러한 고대의 유전자 흐름은 오늘날 인간의 면역 체계가 감염에 반응하는 방식에도 영향을 미치고 있음을 알아냈다.

지금까지 살펴본 노벨상 부자간 수상자 7쌍 중에서 5쌍의 부자는 같은 분야에서, 2쌍의 부자는 다른 분야에서 노벨상을 수상하

여, 대부분의 부자는 아버지의 영향을 받아 아들도 아버지가 연구
한 분야를 이어받고 있음을 알 수 있다.

그러면 이들이 개인의 명예를 드높이고 가문에 영광을 안겨 주
었던 부자간에 노벨상을 어떻게 수상하였는지 궁금하다. 조기 교
육(早期敎育)과 훌륭한 스승 밑에서의 사사(師事) 때문이라고 생각
한다. 아마 조지 패짓 톰슨은 아버지 조지프 존 톰슨이 광전효과를
연구하는 것을 열심히 보고 빛의 본질을 깨우쳤으며, 윌리엄 로렌
스 브래그도 아버지 윌리엄 헨리 브래그 밑에서 고체의 결정구조
에 대한 아버지의 지속적인 사사로 25세 8개월 14일 만에 노벨 물
리학상을 공동 수상하였다.

이를 두고 세계적 석학 피에르 부르디외(Pierre Bourdieu)는 '과학
은 문화적 자본의 하나로, 자본이 적대적 경쟁을 통해 무한히 확대
재생산하듯이, 과학도 자신의 과학적 성과를 다른 사람과 철저히
구별하고, 특정 분야 및 집단에 집중한다.'라고 분석하였다. 피에르
부르디외가 과학도 자본으로 간주하고 확대 재생산 과정을 거쳐,
다른 사람과 철저히 구별하면서, 더욱 우수한 과학기술을 창조하
고 보존하며, 재생산한다는 분석이 매우 흥미롭다.[58-59]

7. 노벨상 부부간 수상자

1. 피에르 퀴리와 마리 퀴리

피에르 퀴리는 마리 퀴리와 결혼하여 함께 연구하여 '방사성 물질 폴로늄과 라듐을 발견'한 공로로 1903년 노벨 물리학상을 공동 수상하였다. 마리 퀴리의 그늘에 가려 잘 알려지지 않았지만, 피에르 퀴리도 물리학자로서 결정 물리학 및 자성 물리학 발전에 크게 기여하였다. 그는 압전소자의 원리인 '피에조(Piezo) 전기현상'을 발견하였다. 또한 상온으로부터 1,400℃까지의 온도에서 물질의 자기화를 조사하여 자화가 온도에 반비례한다는 '퀴리의 법칙'을 발견하여 자성 물리학의 기초를 확립하여 이의 발전에 기여하였다.

퀴리 부부는 방사능이 원자 자체의 성질이라는 것을 알아냈다.

그리고 여러 가지 시료에 대하여 방사능을 측정하던 중에 우연히 우라늄 광물 피치블렌드(Pitchblende)가 우라늄 자체보다도 강한 방사능을 보인다는 사실을 알고, 그 속에 미지의 강한 방사능 성분이 존재할 것이라고 생각하여 이것의 추출을 시도하였다. 그렇게 하여 피치블렌드에서 방사되는 방사능을 바탕으로 화학분석을 하여, 1898년 7월에 폴로늄, 12월에 라듐을 발견하였다. 그림 2.15에서 피에르 퀴리의 모습 및 퀴리 부부가 함께 연구하는 모습을 볼 수 있다.[39-40] 그리고 부록 3에 노벨상 부부간 수상자가 나타나 있다.

(a)

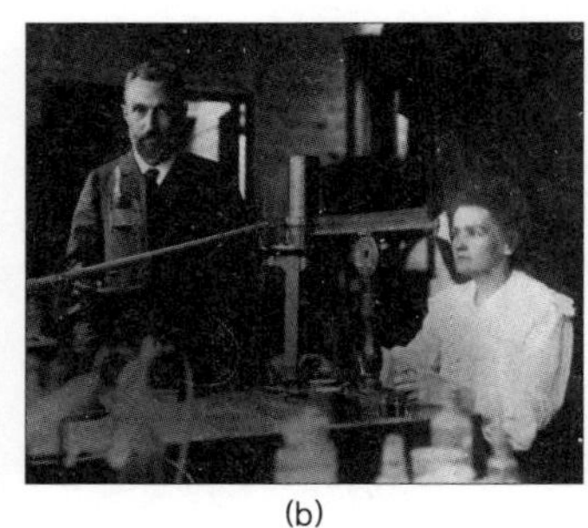
(b)

그림 2.15 피에르 퀴리의 (a) 인물사진 및 (b) 퀴리 부부가 함께 연구하는 모습.

2. 프레드릭 졸리오와 이렌 졸리오퀴리

이렌 퀴리는 어머니 마리 퀴리의 제자이자 퀴리 일가의 추종자였던 프레드릭 졸리오(Frederic Joliot)와 결혼했는데, 프레드릭 졸리오는 스승에 대한 존경심을 표하고 퀴리라는 성을 후세에 남기기 위해, 자신의 성 졸리오에 퀴리를 붙이도록 했다. 그들은 감마선에 의한 음양 전자쌍 생성 및 인공 방사능 발견 등의 뛰어난 성과를 올렸다. 따라서 마리 퀴리의 장녀인 이렌 졸리오퀴리(Irene Joliot-

Curie)는 남편 프레드릭 졸리오와 함께 '새로운 방사선 원소 합성'
이라는 공로로 1935년 노벨 화학상을 공동 수상하였다.

마리 퀴리와 피에르 퀴리 부부, 첫째 딸 이렌 졸리오퀴리와 프레
드릭 졸리오 부부가 노벨상을 수상하였으며, 여기에 둘째 딸 이브
퀴리의 남편마저도 유니세프를 대표하여 1965년 노벨 평화상을
받았다. 이에 대하여 이브 퀴리(Eve Curie)는 '저는 우리 집안의 수
치입니다.'라는 농담을 했다. 이는 아버지, 어머니, 언니, 형부 그리
고 남편까지도 노벨상을 탔는데 자신만 못 탔기 때문이라고 대답
하였다. 그러나 이브 퀴리도 유명한 작가, 언론인 및 국제기구 활
동가로 많은 활동을 하였고 인류에 이바지하였다. 불행하게도 이
렌 졸리오퀴리는 오랫동안 방사능 연구로 인한 휴유증으로 백혈병
을 얻어 안타깝게도 1956년에 사망하였다.

3. 칼 코리와 거티 코리

칼 코리(Carl Cori)는 부인 거티 코리(Gerty Cori)와 함께 '글리코겐
의 촉매 전환 과정의 발견'이라는 공로, 베르나드르 우사이는 '포도
당 대사에서 뇌하수체 전엽 호르돈의 역할 발견'의 공로로 1947년
노벨 생리학·의학상을 공동 수상하였다. 그들은 탄수화물의 물질
대사 연구에 많은 업적을 남겼으며, 글리코겐의 최초의 분해물인
글루코스-1-인산염을 발견하였다.

이들은 포도당과 글리코겐 사이의 효소 반응을 규명하였다. 우
리가 알고 있는 바와 같이 당대사는 생명 활동을 위해 에너지를 공
급한다. 따라서 적절한 양의 당이 연소되지 않으면 최소한의 근육

운동도 할 수 없다. 그러므로 이 대사 과정을 규명하는 것이 얼마나 중요하고 긴급한 일인지 우리는 쉽게 알 수 있다. 이들이 바로 이런 불확실한 지식에 많은 도움을 주었다.

4. 군나르 뮈르달과 알바 뮈르달

군나르 뮈르달(Gunnar Myrdal)은 '통화정책 및 경기변동 이론에 대한 선구자적 공헌과 경제, 사회, 제도적 현상의 상호의존에 대한 날카로운 분석'의 공로로 프리드리히 하이에크와 함께 1974년 노벨 경제학상을 공동 수상하였다. 그리고 부인인 알바 뮈르달(Alva Myrdal)은 수상 분야는 다르지만 '스웨덴 군축 장관'의 역할로 1982년 노벨 평화상을 수상하였다.

특히 군나르 뮈르달은 저개발 국가에 관한 연구에 뛰어난 업적을 남겼다. 이러한 사실은 그의 서적 《경제이론과 저개발지역》, 《풍요에의 도전》 등에 잘 나타나 있다. 여기에서 그는 기존의 주류 경제학을 배격하고 새로운 경제발전론을 재구성해야 한다고 주장하였다. 또한 그는 현재 세계적으로 문제가 되고 있는 저출산에 대하여 스웨덴의 저출산 문제를 해결하는 인구문제 해법을 제시하여 많은 효과를 보게 하였다.

5. 에드바르 모세르와 마이브리트 모세르

에드바르 모세르(Edvard Moser)는 부인 마이브리트 모세르(May-Britt Moser)와 함께 '뇌의 공간 인지 시스템을 구성하는 세포의 발견'의 공로로 존 오키프와 함께 2014년 노벨 생리학·의학상을 공

동 수상하였다. 그들은 뇌세포의 위치정보 처리 체계를 밝힌 공로
로 노벨상을 수상하였다.

1971년 존 오키프(John O'keefe)가 '위치 세포(Place Cell)'를 발견하
여 뇌에 내비게이션 시스템과 같은 위치 시스템을 구성하는 요소가
내장되어 있다는 사실을 밝힌 후에 많은 과학자들의 후속 연구가
이어졌다. 2005년 모세르 부부는 쥐가 특정한 위치를 지날 때마다
해마(Hippocampus)에 인접한 내후각피질에서 신경세포들이 활성화
하면서, 육각형 격자 구조의 패턴을 이루는 것을 발견하고, 이를 '격
자 세포(Grid Cell)'라고 명명하였다. 존 오키프의 '위치 세포'가 특정
지점이나 모양 등에 관한 기억을 보관한다면, 이 '격자 세포'들은 집
단으로 작동하여 뇌 안에서 일종의 좌표를 생성함으로써 정밀한 위
치를 결정하고 방향을 설정하는 내비게이션 역할을 한다.

6. 아비지트 배너지와 에스테르 뒤플로

아비지트 배너지(Abhijit Banerjee)는 부인 에스테르 뒤플로(Esther
Duflo)와 함께 '세계 빈곤 경감을 우한 이들의 실험적 접근'이라는
공로로 마이클 크레머와 함께 2019년 노벨 경제학상을 공동 수상
하였다.

인도 출신의 아비지트 배너지는 저개발국가의 빈곤퇴치를 위해
실험적 연구 방법인 '무작위 배정 연구'를 통해 빈곤 탈출을 위한
정책실험의 효과성을 검증하는데 기여하였다. 그는 《힘든 시대를
위한 좋은 경제학》, 《가난한 사람이 더 합리적이다》 등의 서적을
출간하였다. 그는 가난한 사람의 삶을 알아야 가난을 해결할 수 있

다고 주장하였다.

이미 살펴본 바와 같이 노벨상 부부간 수상자는 6쌍이 있는데 이들이 어떻게 부부간에 동시에 노벨상을 수상하였는지 궁금하다. 아마도 학문에 대한 호기심이 동료가 존재함으로 높아지고, 부부가 자주 토론함으로 자신의 생각을 뒤집어 생각할 수도 있으며, 이에 대한 폭 넓은 탐색을 하여 자신의 연구 방법도 수정할 수 있게 되었기 때문이라고 생각한다. 이렇게 함으로써 노벨상 수준의 훌륭한 결과를 얻을 수 있었을 것이다. 마치 이스라엘의 '하브루타'와 같이 두 명이 짝을 지어 토론하면서 창의적인 결과를 도출했을 것으로 사려된다.

8. 노벨상 형제 및 숙질간 수상자

먼저 형제간 노벨 수상자에는 형 얀 틴베르헌(Jan Tinbergen)과 동생 니콜아스 팀베르헌(Nikolaas Tinbergen)이 있다. 형 얀 틴베르헌은 계량 경제학의 선구자로서 '경제과정의 분석을 위한 동적 모델의 개발과 적용'이라는 연구의 공로르 랑나르 프리슈와 함께 1969년 노벨 경제학상을 공동 수상하였다.

그리고 동생 니콜아스 팀베르헌은 동물행동학인 '개별적 및 사회적인 행동 패턴의 체계성과 도출에 대한 발견'의 공로로 카를 프리슈(Karl Frisch) 및 콘라트 로렌츠(Konrad Lorenz)와 함께 1973년 노벨 생리학·의학상을 공동 수상하였다. 이들은 세계 최초로 다른 분야에서 형제가 노벨상을 수상하는 영예를 안았으며 유일무이하다. 부록 4에 형제 및 숙질간 노벨상 수상자가 나타나 있다.

얀 틴베르헌은 계량 경제학을 연구하여 거시적 동적 이론에 의한 경기순환의 통계적 검정을 실시한 최초의 학자이다. 그의 서적

《경제순환 통계에 대한 계량 경제학적 접근》은 계량 경제학의 선구자적 저서이다. 특히 경제 이론을 통계적 방법으로 밝힌 점이 선구자로 알려져 있다. 그의 '틴베르헌의 법칙'은 '정책 목표의 수만큼 정책 수단이 존재해야 목표를 달성할 수 있다.'라고 주장한다. 예를 들면 기준 금리 하나로 '물가 안정'과 '금융 안정'이라는 목표를 달성하도록 한 한국은행법이 대표적이다. 한국은행은 모순되는 두 목표 사이에서 허우적대느라 금리 인하 또는 금리 인상 시기를 놓쳤고 덕분에 '뒷북'이라는 질타를 받았다.

다음으로 숙질간 노벨 수상자에는 이모 크리스티아네 뉘슬라인 폴하르트(Christiane Nusslein Volhard)와 조카 베냐민 리스트(Benjamin List)가 있다. 이모 크리스티아네 뉘슬라인 폴하르트는 '초기 배아 발생 과정에서 유전자 조절에 관한 발견'의 공로로 에드워드 루이스 및 에릭 위샤우스와 함께 1995년 노벨 생리학·의학상을 공동 수상하였다. 그리고 조카인 베냐민 리스트는 '비대칭 유기촉매 개발'의 공로로 데이비드 맥밀런과 함께 2021년 노벨 화학상을 공동 수상하였다. 이들은 세계 최초로 다른 분야에서 숙질간에 노벨상을 수상하는 영예를 안았으며 유일무이하다.

9. 노벨상 최연소 수상자

우리들이 보통 생각하기로는 노벨상은 반백이 넘은 노교수 및 노학자가 받는 것으로 알고 있다. 그런데 20-30대에 노벨상을 수상한 사람이 있어 놀랍고 경이스럽다. 이들의 나이를 살펴보면 17세에 1명, 25세에 2명, 31세에 4명, 32세에 4명, 33세에 3명 그리고 35세에 1명 등이 노벨상을 수상하였다. 부록 5에 노벨상 최연소 수상자가 나타나 있다.

이미 노벨상 부자간 수상자에서 언급된 바와 같이 윌리엄 로렌스 브래그(W. L. Bragg)가 1915년부터 2013년까지 99년간 25세 8개월 14일로 최연소 노벨 수상자의 자리를 차지하고 있었다. 그러다가 2014년 말라라 유사프자이(Malala Yousafzai)가 17세 5개월 1일의 나이에 여성으로 '아이들과 어린이의 억압에 반대하고 교육을 받을 권리를 위해 투쟁'이라는 공로로 카일라시 사티아르티와 함께 2014년 노벨 평화상을 공동 수상하여 최연소 노벨상 수상자의 자리에 올랐다. 그러나 아직도 윌리엄 로렌스 브래그는 노벨 과학상에서는 최연소 노벨상 수상자로 자리 매김하고 있다.

이들 이외에도 노벨상 수상 분야별 노벨상 최연소 수상자를 살펴보면 표 2.4와 같이 요약될 수 있다.

표 2.4. 수상 분야별 노벨상 최연소 수상자.

수상분야	이름	나이	연도	업적
물리학	윌리엄 로렌스 브래그 (W. L. Bragg)	25	1915	X선을 이용한 결정구조 분석
화학	이렌 졸리오퀴리 (Irene Joliot-Curie)	35	1935	새로운 방사선 원소 합성
생리학·의학	프레더릭 밴팅 (Frederick Banting)	32	1923	인슐린 발견
문학	러디아드 키플링 (Rudyard Kipling)	41	1907	정글북 (소설)
평화	말랄라 유사프자이 (Malala Yousafzai)	17	2014	아이들과 어린이의 억압에 반대하고 교육을 받을 권리를 위해 투쟁
경제학	에스테르 뒤플로 (Esther Duflo)	46	2019	세계 빈곤 경감을 위한 이들의 실험적 접근

노벨상 최연소 수상자의 업적을 살펴보면 경이롭다. 윌리엄 로렌스 브래그는 25세의 나이인 1915년에 고체의 결정구조를 밝히는 데 없어서는 안 될 브래그 법칙을 밝혀내 노벨 물리학상을 수상하였고, 베르너 하이젠베르크(Werner Heisenberg)는 31세의 나이인 1932년에 전자의 위치를 정확하게 측정하면 할수록 전자 속도의 오차는 점점 커진다는 유명한 불확정성 원리를 제안했다. 또한 폴 디랙(Paul Dirac)은 31세의 나이인 1933년에 유명한 파동방정식인 슈뢰딩거 방정식을 만들었고, 프레더릭 밴팅(Frederick Banting)

은 32세의 나이인 1923년에 세계 최초로 인슐린을 발견하였다. 그리고 루돌프 뫼스바우어(Rudolf Mossbauer)도 32세의 나이인 1961년에 뫼스바우어 효과를 발견하는 등 역사에 남을 공헌을 하였다.

그러면 이들이 어떻게 20-30대에 노벨상을 수상하였는지 궁금하다. 아마 조기교육(早期教育)과 훌륭한 스승 밑에서의 사사(師事) 때문이라고 생각된다. 윌리엄 로렌스 브래그는 아버지 윌리엄 헨리 브래그 밑에서 고체의 결정구조에 대한 조기 교육과 아버지의 지속적인 사사로 25세 8개월 14일의 젊은 나이에 노벨 물리학상을 수상하였다고 생각된다.

우리가 알고 있는 조기 교육의 대표적인 사람은 존 스튜어트 밀(John Stuart Mill)이다. 그는 경제학자이고 철학자인 아버지 제임스 밀로부터 자연과학과 고전을 중심으로 한 교육을 받았다. 그는 5세에 그리스어, 9세에 대수학과 프랑스어, 12세에 논리학, 15세에 경제학, 역사학, 철학과 자연과학을 조기교육 받았다. 그리고 매일 아침 아버지와 함께 산책하면서 그동안에 읽은 서적에 대하여 토론하였다. 아마도 노벨상 최연소 수상자 중에는 존 스튜어트 밀 같이 조기 교육을 받은 사람이 많을 것이라 생각된다.[60-62]

10. 노벨상 최연장 수상자

노벨상 최연장 수상자는 97세 4개월 17일로 '리튬-이온 전지 발견'의 공로로 스탠리 휘팅엄 및 요시노 아키라와 함께 2019년 노벨 화학상을 공동 수상한 존 굿이너프(John Goodenough)이다. 그는 2023년 6월 25일 사망하여 4년만 늦게 노벨 화학상의 수상자로 발표되었다면 사후수상으로 안타까웠을 것이다.

현재 많은 이슈가 되고 있는 지구 온난화는 슈쿠로 마나베(Syukuro Manabe)에 의하여 일찍이 1960년대에 예측되었다. 그는 1960년대부터 이에 대한 연구를 시작하여 1967년에는 대기 중 이산화탄소 농도 증가와 지구 표면 온도 상승 간의 상관관계를 규명하는 논문을 발표하였다. 그리고 그의 나이 90세에 '지구 기후의 물리학적 모델링, 변동성 정량화 및 신뢰할 수 있는 지구 온난화 예측'이라는 공로로 클라우스 하셀만 및 조르조 파리시와 함께 2021년 노벨 물리학상을 공동 수상하였다. 따라서 논문 발표로부터 노벨 물리학상으로 연결되는데 무려 54년의 긴 시간이 걸렸다.

그림 2.16에 지구 평균온도가 산업혁명 시기인 1850-1900년의 50년 사이의 평균온도에 비하여 얼마나 변화했는지를 보여주고 있다. 이에 따르면 1925년까지는 거의 평균온도가 상승하지 않다가 이후부터 서서히 증가하였다. 그러다가 1975년 이후에는 급격히 증가하여 2022년 현재 1.3℃정도 증가하여 1.5℃에 접근하고 있다. 지구의 온난화가 빠른 속도로 진행되고 있음을 보여준다.[63]

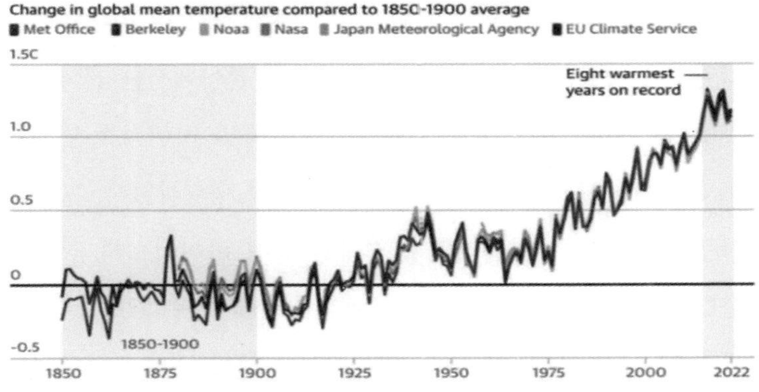

그림 2.16 지구의 평균온도의 변화.

부록 6에 노벨상 최연장 수상자가 나타나 있으며 이를 노벨상 수상 분야별로 살펴보면 다음의 표 2.5와 같이 요약될 수 있다.

표 2.5. 수상 분야별 노벨상 최연장 수상자.

수상분야	이름	나이	연도	업적
물리학	아서 애슈킨 (Arthur Ashkin)	96	2018	레이저 물리학 분야에서의 획기 적인 발명

수상분야	이름	나이	연도	업적
화학	존 굿이너프 (John Goodenough)	97	2019	리튬-이온 전지 발견
생리학· 의학	페이턴 라우스 (Peyton Rous)	87	1966	종양 유발 바이러스 발견
문학	도리스 레싱 (Doris Lessing)	88	2007	다섯째 아이(소설)
평화	조지프 로트블랫 (Joseph Rotblat)	87	1995	핵무기 사용 감축 및 폐기를 위한 노력
경제학	레오니트 후르비치 (Leonid Hurwicz)	90	2007	제도설계 이론의 기초 확립

물리학 분야에서는 아서 애슈킨(Arthur Ashkin)이 96세의 나이에 '레이저 물리학 분야에서의 획기적인 발명'의 공로로 2018년 노벨 물리학상을 공동 수상하였고, 생리학·의학 분야에서는 페이턴 라우스(Peyton Rous)가 87세의 나이에 '종양 유발 바이러스 발견'의 공로로 1966년 노벨 생리학·의학상을 공동 수상하였다. 그는 고형암을 유발하는 바이러스를 발견하여 암이 바이러스에 의해 발생한다는 사실을 1911년 '미국 의학회 잡지'에 발표하였다. 따라서 논문 발표로부터 노벨 생리학·의학상 수상까지 무려 55년이 소요되었다.

노벨상 최연장 수상자의 나이를 살펴보면 97세 1명, 96세 1명, 90세 2명, 89세 2명, 88세 2명 및 87세 5명 등이 노벨상을 수상하여, 고령임에도 불구하고 노벨상을 수상하는 끊임없는 연구의 위대함을 보여 주었다.

이들 중에서 난부 요이치로는 87세의 나이에 '아원자 물리학의 자발적 대칭 깨짐 메커니즘 발견'의 공로로 고바야시 마코트 및 마스카와 도시히데와 함께 2008년 노벨 물리학상을 공동 수상하였다. 이들과 같은 나이인 비탈리 킨즈부르크(Vitaly Ginzburg)도 87세의 나이에 '초전도 및 초유체 이론에 대한 공헌'의 공로로 알렉세이 아브리코소프 및 앤서니 레킷와 함께 2003년 노벨 물리학상을 공동 수상하였다.

여러 분야에서 고령인데도 불구하고 건강을 유지하면서 연구하는 이들의 노력에 존경을 금할 수 없다. 이들이 있었기에 인류 문명의 발달을 가져왔고 좀 더 편리하고 안전한 세계에서 살 수 있게 되었다.

11. N관왕에 등극한 단체

노벨상 n관왕에 등극한 단체는 2곳이 있다. 국제적십자위원회 (International Committee of the Red Cross, ICRC)는 1917년에 '제1차 세계대전 구호 업적', 1944년에 '제2차 세계대전 구호 업적' 그리고 1963년에는 국제적십자사 · 적신월사 연맹과 함께 공동으로 '전 세계 재난 구호 업적'의 공로로 노벨 평화상을 수상하여 최초로 3관왕에 등극하는 단체가 되었다.

또한 1901년에는 국제적십자위원회의 창설자인 장 앙리 뒤낭이 '국제적십자사 창설 및 제네바 협약 체결'의 공로로 제1회 노벨 평화상을 수상하여 실질적으로는 4번 받은 것으로 간주하고 있다. 국제적십자위원회에서는 자신들의 노벨 수상을 기념할 때에 창립자 앙리 뒤낭의 수상도 포함한다.

유엔난민기구(United Nations High Commissioner for Refugees, UN-HCR)도 1954년에 '난민들에 대한 정치적 법적 보호' 그리고 1981

년에는 '난민들의 이주와 정착 및 처우 개선에 이바지'한 공로로 2번 노벨 평화상을 수상하였다. 유엔난민기구는 3관왕인 국제적십자위원회에 이어 2관왕에 등극하였다.

제3장

노벨상 수상에 얽힌

안타까운 사연

1901년부터 2024년까지 124년간 981명의 개인과 31곳의 단체에 노벨상을 시상해 오면서 희비가 엇갈리는 많은 사연을 남겼다. 노벨상 단독, 공동, 중복, 부자간, 부부간, 부녀간, 모녀간, 형제간 및 숙질간 수상자로 선정되어 개인의 영예를 드높이고 가문에 영광을 선사하였다. 그러나 이들과는 다르게 노벨상 급 연구 결과를 달성하였으나 여러 가지 안타까운 사연으로 노벨상을 수상하지 못한 비운의 사람도 많다.

DNA 이중나선 구조 발견의 공로자이면서 불운하게 탈락한 사람, 주기율표를 세계 최초로 만들고도 탈락한 사람, 꿈의 섬유를 발명하고도 자살로 생을 마감한 사람, 핵분열 원리를 밝히고도 탈락한 사람, 컴퓨터의 아버지로 추앙받고도 탈락한 사람, 알베르트 아인슈타인 이후 최고의 이론 물리학자로 칭송받고도 탈락한 사람, 세계적인 대문호이면서도 인종차별 혹은 공산주의 정권을 지지했다는 이유로 탈락한 사람, 대다수의 사람들이 노벨상을 수상할 것이라고 굳게 믿었으나 탈락한 사람, 노벨상 급 연구를 수행하고도 영어로 논문을 작성하지 못해 후보에 오르지도 못한 사람, 정말로 노벨상 수상 및 미수상에 얽힌 사연은 매우 다양하다.

1. 노벨상 메달 및 상장의 구조

노벨상 메달은 수상분야에 따라서 특색이 다양하다. 노벨 물리학상, 화학상, 생리학·의학상 및 문학상의 앞면은 동일하고, 뒷면은 물리학상과 화학상, 생리학·의학상 및 문학상마다 특유의 도안이 새겨져 있다. 그리고 노르웨이에서 시상하는 평화상 메달은 앞면과 뒷면 모두가 나머지 분야의 메달과는 다르다. 그러나 노벨상 메달의 앞면은 알프레드 노벨의 사진, 출생 일자 및 사망 일자가 새겨져 있다. 노벨상 수상자의 이름은 물리학상, 화학상, 생리학·의학상 및 문학상의 메달은 뒷면에 수상자의 이름을 새기는 반면에 평화상 및 경제학상의 메달은 수상자의 이름을 테두리에 새긴다.[19, 64] 그림 3.1에 노벨상 시상식 전경이 잘 묘사되어 있다.

그림 3.1 스웨덴 스톡홀름 콘서트 홀에서의 노벨상 시상식 광경.

노벨 재단의 규정에 의하면 노벨상을 1년 이내에 받지 않으면 수상을 거절한 것으로 간주한다. 그리고 수상자는 6개월 이내에 수락 강연을 해야 하는데 노벨상 시상 일이 12월 10일이므로 다음 해 6월 10일까지 강연을 해야 한다. 만일 수락 강연을 하지 않으면 상금이 수여되지 않는다. 실제로 독일의 정치범으로 감옥에 수감 중인 반나치 저술가인 카를 폰 오시에츠키에게 1935년 노벨 평화상을 수상하자, 이에 격분한 아돌프 히틀러가 1937년 1월부터 독일인의 노벨상 수상을 금지시켜, 리하르트 쿤은 1938년 노벨 화학상, 아돌프 부테난트는 1939년 노벨 화학상 그리고 게르하르트 도마크는 1939년 생리학·의학상을 수상하지 못하였다. 그러나 제2차 세계대전이 끝난 직후인 1946년 이들은 금메달과 상패는 받았으나 상금은 받지 못했다.

그림 3.2에 노벨상 수상자의 상장(Diploma)이 도시되어 있으며, 스웨덴 및 노르웨이의 유명한 달필가가 수상자마다 다르게 디자인한다고 한다.[16]

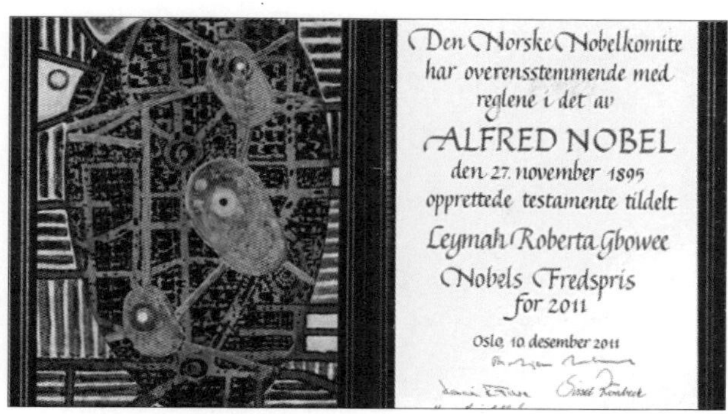

그림 3.2 노벨상 수상자의 상장.

2. 특별한 사연의 노벨상 수상자

1. 사후수상을 받은 노벨상 수상자

노벨상은 알프레드 노벨의 기일인 12월 10일에 시상하며, 평화상만 노르웨이 오슬로 시청에서 시상하고, 나머지는 스웨덴 스톡홀름 콘서트 홀에서 열린다.[65] 노벨상 수상자는 노벨 재단의 규정에 의하여, 1974년부터 노벨상 수상 발표가 있는 다음에 사망하지 않으면, 사후에 노벨상을 수상하지 않기로 결정하였다. 그러나 1974년 이전에 다그 함마르셸드(Dag Hammarskjold)의 1961년 노벨 평화상 및 에릭 카르펠트(Erik Karlfeldt)의 1931년 노벨 문학상 수상은 예외로 사후에 수상하였다.[16]

다그 함마르셸드는 제2대 유엔 사무총장으로, 1961년 콩고 내전을 중재하러 가던 도중에, 북로디지아(현재의 잠비아)에서 비행기 사고로 사망하였으나, 같은 해에 '국제연합 사무총장, 중동의 평화를 위해 노력'이라는 공로로 1961년 노벨 평화상을 사후에 수상하였다. 그리고 에릭 카르펠트도 '광야와 사랑의 노래(시)'의 공로로 1931년 노벨 문학상을 사후에 수상하였다.

이들과는 다르지만 2011년에 노벨 생리학·의학상 수상자를 발표한 다음에 랠프 스타인먼(Ralph Steinman)이 발표 3일 전에 사망한 것을 뒤늦게 알게 되었다. 그러나 노벨 재단 이사회는 그의 사망을 알지 못했기 때문에 이의 사실을 알게 된 시점을 사망 일자로 추정하여 노벨상을 수여하기로 결정하였다. 그는 '수지상세포(Dendritic Cell)와 적응 면역에서의 그 역할 발견'의 공로로 노벨 생리학·의학상을 공동 수상하였다.[16]

노벨상 수상자에게는 금메달(Medal), 상장(Diploma) 및 상금(Prize Money)을 수여하며, 금메달과 상장은 스웨덴 혹은 노르웨이 국왕이 직접 수상자에게 수여한다.[65-66]

2. 노벨상을 자의로 거부한 수상자

노벨상을 자의로 거부한 수상자는 2명이 있다. 한 명은 세상을 떠들썩하게 만들었던 장폴 사르트르(Jean-Paul Sartre)로 '구토 (소설/철학)'의 공로로 1964년 노벨 문학상 수상자로 결정되었으나 수상을 거부하였다. 그는 이전에도 계속하여 모든 공식적인 훈장을 거부하였기 때문에 노벨상도 거부하였다.

다른 한 명은 레득토(Le Duc Tho)로 '베트남 전쟁을 끝내기 위한 정전협정 마련에 기여'한 공로로 미국의 헨리 키신저 장관과 함께 1973년 노벨 평화상을 공동 수상하기로 결정되었다. 그러나 레득토는 '내 조국에는 아직 평화가 오지 않았고, 나는 전시 지도자이

지 평화의 사도가 아니다.'라는 이유로 수상을 거부하여 그의 드높은 결기를 전 세계에 과시하였다.[16]

3. 노벨상을 강제로 거부당한 수상자

노벨 위원회가 독일의 정치범으로 감옥에 수감 중인 반나치 저술가인 카를 폰 오시에츠키(Carl von Ossietzky)에게 '나치 치하에서 평화운동을 하며 인권유린의 실상을 알림'의 공로로 1935년 노벨 평화상을 수상하자, 아돌프 히틀러는 이러한 노벨 위원회의 결정에 격노하여 1937년 1월부터 독일인의 노벨상 수상을 금지시켰다.

이로써 '카로티노이드 및 비타민 연구'의 공로로 1938년 노벨 화학상 수상자 리하르트 쿤(Richard Kuhn), '성 호르몬 연구, 폴리 메틸렌 및 고 테르펜 연구'의 공로로 1939년 노벨 화학상 수상자 아돌프 부테난트(Adolf Butenandt) 그리고 '프론토질의 항균 효과 발견'의 공로로 1939년 노벨 생리학 · 의학상 수상자 게르하르트 도마크(Gerhard Domagk)의 수상을 금지시켰다. 따라서 이들은 노벨상을 수상하지 못했으나 제2차 세계대전이 끝난 1946년에 노벨상을 수상하였다. 그러나 금메달과 상패는 받았으나 상금은 받지 못했다.[16]

또한 세계적인 소설인 《닥터 지바고》로 1958년 노벨 문학상을 수상한 보리스 파스테르나크(Boris Pasternak)는 그 소설에 대한 당시 구소련 대중의 부정적인 정서를 이유로 정부에 의해 강제로 수상을 거부당했다.[16]

4. 노벨상 시상식에 참석하지 못한 수상자

노벨상 시상식에 참석하지 못한 수상자는 아돌프 히틀러에 의하여 감옥에 수감된 후에 감옥에서 옥사한 카를 폰 오시에츠키가 있다. 그리고 우리가 익혀 알고 있는 '민주주의와 인권을 위한 비폭력 투쟁'이라는 공로로 1991년 노벨 평화상을 수상한 아웅 산 수치(Aung San Suu Kyi)도 정부가 노벨상 시상식에 참석하는 것을 금지하였다.

또한 '중국의 인권 신장을 위한 오랜 투쟁'이라는 공로로 2010년 노벨 평화상을 수상한 류샤오보(Liu Xiaobo)도 노벨상 시상식에 참석하지 못했다. 그의 노벨상 참석을 저지하는 중국 공산당 당국에 항의하는 의미로 노벨 재단은 시상식 장소에 그의 빈 의자를 놔두어 전 세계에 심금을 울렸다.

이들 이외에도 벨라루스의 알리스 발라츠키(Ales Bialiaski)는 '자국의 시민사회를 대표하는 사람으로 그들은 수년 동안 권력을 비판하고 기본권 보호 권리를 증진해 왔다. 그들은 전쟁범죄, 인권유린 및 권력남용을 기록하는데 탁월한 노력을 기울여 왔다. 그들은 함께 평화와 민주주주를 위한 시민사회의 중요성을 보여주었다.' 라는 공로로 메모리알 및 시민 자유 센타와 함께 2022년 노벨 평화상을 공동 수상하였으나 노벨상 시상식에 참석하지 못했다.[16]

5. 노벨상을 거부하려다 결국 받은 수상자

노벨상을 거부하려다 결국 받은 수상자로는 '피그말리온(희곡)'의 공로로 1925년 노벨 문학상 수상자 조지 버나드 쇼(George Bernard Shaw)가 있다. 그는 상금을 기부해달라고 강요하고, 자기를 입양해 달라고 요구하는 사람이 있어, 엄청난 스트레스를 받아 처음에는 노벨상을 받지 않으려고 했다가, 마지못해 수상한 뒤에는 '인간의 탈을 쓴 악마만이 노벨상을 만들 수 있을 것이다.'라고 조롱하였다.

또한 '양자 전기역학의 기초원리 연구'의 공로로 쥴리안 슈윙거 및 도모나카 신이치로와 함께 1965년 노벨 물리학상을 공동 수상한 리차드 파인만(Richard Feynman)은 노벨상 수상으로 자기가 유명해지는 것이 싫어서 거부하였다. 그러나 '그렇게 하면 더 유명해질 것이다.'라고 말하는 기자들의 충고에 못 이겨 마침내 수상하기로 결정하였다. 그는 우리가 많이 사용하고 있는 빨강 색 표지의 '물리학'의 저자로서 유명하며, 맨해튼 프로젝트(Manhattan Project)에도 참여하였다.[19]

우리에게 널리 알려진 대중음악 가수인 밥 딜런(Bob Dylan)은 가수로는 최초의 노벨 문학상 수상자로 선정되었으나 그는 아무런 연락을 받지 못해 별다른 의견을 발표하지 않았다. 그러자 노벨 위원회는 수상을 거부한 것이 아닌가 하고 의심하였으나, 그가 긴 침묵을 깨고 노벨상을 수락한다고 발표하였다. 그러나 그는 직접 노벨상 시상식에 참석하지 못하였으나 주 스웨덴 미국대사가 참석하여 대리 수상하였다.

3. 희소 과학 분야에서 노벨상 수상자

1. 생물학 분야에서의 노벨상 수상자

노벨 과학상 수상자의 연구 분야를 살펴보면, 자연과학 5대 분야인 물리학, 화학, 생물학, 지구과학 및 천문학 중에서 물리학과 화학만이 명확하게 노벨상의 수상 분야에 언급되어 있다. 따라서 이들을 제외한 생물학, 지구과학 및 천문학 분야에서도 노벨상 수상자가 탄생하였는지 궁금하다.

노벨 생리학·의학 분야에 속하는 생리학이 대부분의 생물학 분야를 포함하고 있다. 동물 행동학 연구로 카를 프리슈와 콘라트 로렌츠는 각각 꿀벌의 팔자 춤과 거위와 오리의 각인을 밝혀냈다. 이들은 '개별적 및 사회적인 행동 패턴의 체계성과 도출에 관한 연구'의 공로로 1973년 노벨 생리학·의학상을 니콜라스 틴베르현과 함께 공동 수상하였다. 이들은 꿀벌이 꿀을 찾아서 이동할 수 있는 거리가 4km 정도인데, 이들은 팔자 춤의 수획 댄스를 추어 다른 꿀벌에게 꿀의 위치를 알려준다고 한다. 꿀까지의 거리는 15초 동안에 추는 팔자 춤의 회전수 그리고 꿀이 위치한 방향은 수확 댄스를 추는 축과 태양과의 각도로 표시한다고 한다. 꿀벌사이에서 의사소통하는 방법이 과학적이고 획기적이다. 또한 거위와 오리의 각인은 이들이 태어나서 처음으로 보게 되는 움직이는 물체를 자기 어미로 인식하고 따른다는 현상이다. 따라서 생물학의 동물학 분야에서도 노벨상을 시상하였음을 확인할 수 있다.

식물학의 경우에는 리하르트 빌슈테터(Richard Willstater)가 '식물 색소, 특히 클로로필에 대한 선구적 연구'의 공로로 1915년 노벨 화학상을 단독 수상하였다. 그리고 로버트 로빈슨(Robert Robinson)은 '알칼로이드 및 기타 식물 생성물: 모르핀 및 스트리크닌 구조'의 공로로 1947년 노벨 화학상을 단독 수상하였다. 한편 옥수수 유전학에 대한 독보적 존재인 바바라 맥클린톡(Barbara McClintock)은 '이동성 유전인자 발견'에 관한 식물유전학 연구로 1983년 노벨 생리학 · 의학상을 단독 수상하였다. 따라서 생물학의 동물학 및 식물학 분야에서도 노벨상을 시상하였음을 알 수 있다.

2. 지구과학 및 천문학 분야에서의 노벨상 수상자

지구과학에는 지질학, 기상학 및 해양학 분야가 있다. 기상학의 대기 역학에 속하는 세부 분야에서 수쿠로 마나베와 클라우스 하셀만(Klaus Hasselmann)은 '지구 기후의 물리학적 모델링, 변동성 정량화 및 신뢰할 수 있는 지구 온난화 예측'이라는 공로로 2021년 노벨 물리학상을 공동 수상하였다.

그리고 천문학 분야에서는 제임스 피블스(James Peebles), 미셸 마요르(Michel Mayor) 및 디디에 쿠엘르(Didier Queloz)가 '우주론에 대한 이론적 발견 그리고 태양형 항성의 궤도를 도는 외계 행성 발견'의 공로로 2019년 노벨 물리학상을 공동 수상하였다. 따라서 물리학 및 화학 분야 뿐만 아니라 생물학, 지구과학 및 천문학 분야에서도 노벨상을 시상함을 알 수 있다.

3. 응용과학 분야에서의 노벨상 수상자

노벨상이 기초과학에 연관된 업적에만 수상한다고 생각하는 사람이 많다. 그러나 알프레드 노벨은 노벨 과학상을 가장 중요한 발견, 발명 및 개선을 한 사람에게 수여하라고 유언하였기 때문에 응용과학도 중요하게 취급하고 있다. 노벨 물리학상이나 화학상에는 응용 분야에서의 수상자가 다수가 있다. 그리고 생리학·의학 분야에서도 폴 로터버(Paul Lauterbur)와 피터 맨스필드(Peter Mansfield)는 '자기공명 단층 촬영 장치(MRI) 개발에 기여'한 공로로 2003년 노벨 생리학·의학상을 공동 수상하였다. 그리고 앨런 코맥(Allan Cormack)과 고드프리 하운스필드(Godfrey Hounsfield)도 '컴퓨터 단층 촬영 장치(CT) 개발'로 1979년 노벨 생리학·의학상을 공동 수상하였다. 따라서 응용과학 분야에서도 노벨상을 시상하였음을 알 수 있다.

4. 스승과 제자의 노벨상 수상 기록

우리가 반도체를 개발하기 위하여는 페르미 레벨(Fermi Level)를 알아야 한다. 0K에서 페르미 레벨 이상에서는 전자가 존재하지 않기 때문이다. 이를 이용하여 진성 반도체 혹은 불순물 반도체를 개발한다. 이러한 개념을 처음으로 개발한 엔리코 페르미(Enrico Fermi)는 '중성자에 의한 인공 방사성 원소의 연구'의 공로로 1938년 노벨 물리학상을 단독 수상하였다. 그리고 그의 제자 6명이 노벨상을 수상하였다. 이는 스승의 다방면에 걸친 지식과 연구 방법이 직접적으로 제자에게 전수되어 노벨상을 수상하는 지름길로 인도하였기 때문이다. 따라서 노벨상 수상자 엔리코 페르미가 6명의 노벨상 수상자를 배출하여 스승과 제자의 노벨상 수상자 수에서 최고의 기록이다. 그의 제자인 중국 혹은 대만인인 리정다오와 양전닝은 '반전성 위배의 입증'의 공로로 1957년 노벨 물리학상을 공동 수상하였다. 또한 머리 겔만도 '소립자의 분류와 상호 작용에 대한 연구'의 공로로 1969년 노벨 물리학상을 단독 수상하였다.

어니스트 로렌스(Ernest Lawrence)는 '사이클로트론의 발명'의 공로로 1939년 노벨 물리학상을 단독 수상하였다. 그의 제자인 닐스 보어는 '원자구조와 복사에 대한 연구'의 공로로 1922년 노벨 물리학상을 단독 수상하였다. 또한 닐스 보어의 제자인 레프 란다우(Lev Landau)는 '물질의 응축 상태에 대한 이해에 공헌: 액체 헬륨'의 공로로 1962년 노벨 물리학상을 단독 수상하였다. 어니스트 로렌스와 닐스 보어는 각각 4명의 노벨상 수상자를 배출하여 스승과 제자의 노벨 수상자 기록에서 엔리코 페르미에 이어 2위를 차지하였다.

다음으로 로버트 윌슨(Robert Wilson)은 '경매이론의 개선과 새로운 경매 방식의 고안'이라는 공로로 폴 밀그럼(Paul Milgrom)과 함께 2020년 노벨 경제학상을 공동 수상하였다. 그들은 미국 스탠퍼드 대학교에 재직 중인 사제 지간의 교수다. 로버트 윌슨 교수는 파트 타임으로 자신의 수업을 듣고 있던 폴 밀그럼 학생이 직장으로 복귀하려 하자, 그에게 '공부를 더 해보지 않겠느냐?'고 제안했고, 이를 폴 밀그럼이 받아 들여 본격적인 학문적 사제관계가 형성되어 노벨 경제학상을 공동 수상하였다. 로버트 윌슨은 폴 밀그럼 이외에도 '계약이론에 대한 공헌'이라는 공로로 2016년 노벨 경제학상을 공동 수상한 미국 MIT 교수인 벵트 홀름스트룀 그리고 '안정적 배분과 시장 설계에 관한 이론'의 공로로 2012년 노벨 경제학상을 공동 수상한 앨빈 로스 스탠퍼드 대학교 교수도 배출하여 3명의 제자가 노벨상을 수상하는 기록을 세웠다.

스승과 제자가 노벨상을 수상하는 것에 대하여 1970년에 '정적·동적 경제 이론의 개발과 경제 분석 수준의 향상에 대한 업적'이라는 공로로 노벨 경제학상을 단독 수상한 폴 새뮤얼슨(Paul Samuelson) 교수는, 그의 노벨상 수상을 축하하는 연설에서 '나는 어떻게 하면 노벨상을 탈 수 있는지 여러분에게 말 해 줄 수 있습니다. 그러한 조건 중 하나는 좋은 스승을 만나는 것입니다. 내가 시카고 대학교와 하버드 대학교에서 제자로서 함께 연구했던 많은 훌륭한 경제학 스승을 나열해 보겠습니다.'라고 말하고 그들을 열거하였다. 우리에겐 학문적 사제관계도 아직 쌓이지 않았고, 설사 사제관계가 형성되었어도, 노벨상으로 이어지는 '축적의 시간'도 부족한 것이 엄연한 현실이다. 따라서 폴 새뮤얼슨 교수의 충고도 한번 깊이 음미하여 볼 할 필요가 있다고 생각된다.

5. 노벨상 수상에 얽힌 희비

1. 알베르트 아인슈타인, 막스 플랑크 및 마하트마 간디

알베르트 아인슈타인, 막스 플랑크 및 마하트마 간디는 세계적으로 명성이 매우 높다. 따라서 대부분의 사람들은 이들이 손쉽게 노벨상을 수상했을 것으로 생각한다. 그러나 알베르트 아이슈타인은 1910년부터 1920년까지 11번 노벨 물리학상 후보자로 추천되었으나 탈락하고, '이론 물리학의 공헌과 광전효과의 발견'이라는 공로로 1921년 12번 만에 노벨 물리학상을 수상하였다. 알베르트 아인슈타인의 대표적인 연구 업적으로는 상대성 이론이 유명하지만, 상대성 이론은 당시 기준으로 보아 실험적 증명이 불가능하여, 노벨상 수상의 대상에 포함시킬 수 없었다. 그러다가 1921년에 광전효과 발견의 공로로 마지못해 노벨 물리학상을 수상하였다. 마찬가지로 양자역학으로 유명한 막스 플랑크도 12번 노벨 물리학상 후보자로 추천되었으나 탈락하고 '에너지 양자화 연구'의 공로로

1918년 노벨 물리학상을 13번 만에 수상하였다.

알베르트 아인슈타인(Albert Einstein)은 1905년 독일 '물리학 연감'에 4편의 논문을 발표하였다. 그는 마지막 논문인 질량-에너지 등가원리에서 에너지(E)를 질량(m)과 빛의 속도(C)의 제곱과 같게 놓은 공식 $E=mC^2$(여기서 C=299,792,458 m/sec)을 통해 질량과 에너지는 사실상 등가이며, 질량이 매우 작더라도 많은 양의 에너지로 전환될 수 있음을 증명하고 있다. 이러한 질량-에너지 등가원리는 핵물리학 연구에 중요한 기여를 하였다. 1930년에 원자핵이 양성자와 중성자로 이루어져 있음이 입증되면서 드러난 문제는, 양전하를 띄고 있는 두 입자가 원자핵으로 결합할 수 있는 이유와 양성자와 중성자 각각의 질량의 합보다 원자핵의 질량이 작은 이유를 질량-에너지 등가원리로 설명할 수 있다.

따라서 같은 양전하를 띄는 두 입자가 결합하면서 손실된 질량($\triangle m$)이 원자핵을 묶어 주는 에너지($\triangle E$)가 되고 그 크기는 $\triangle E=\triangle mC^2$이다. 마찬가지로 입자를 떼어내는 데에도 그 만큼의 에너지가 필요하다. 1938년에 발견된 핵분열 과정에서도 분열 후 조각들의 총 질량이 분열 전 조각들의 질량보다 작았으며, 이 질량의 차이가 큰 에너지를 방출하였다. 이러한 핵분열 과정은 원자폭탄의 기초가 되었으며, 원자핵의 분열과 융합을 모두 설명하는 것이 질량-에너지 등가원리이다. 그림 3.3에 알베르트 아인슈타인의 모습과 그가 일반 상대성이론 근거의 하나로 삼은 등가원리를 착상하게 하는 사진을 볼 수 있다.[67-68]

알베르트 아인슈타인과 막스 플랑크는 몇 번의 노벨상 탈락을 맛보고도 마지막에는 노벨상을 수상하였다. 반면에 세계적으로 무저항 비폭력 저항의 심볼인 마하트마 간디(Mahatma Gandhi)는 인도의 거국적인 지도자로서, 노벨 평화상을 수상하여야 된다는 희망에도 불구하고, 몇 차례 노벨 평화상 후보자로 추천되었으나 결국 수상하지 못하였다. 인도의 정신적이고 정치적인 지도자의 이름인 '마하트마'는 '위대한 영혼'이라는 뜻으로, 인도의 시인인 노벨 문학상 수상자인 라빈드라나트 타고르가 지어준 이름이라고 한다.

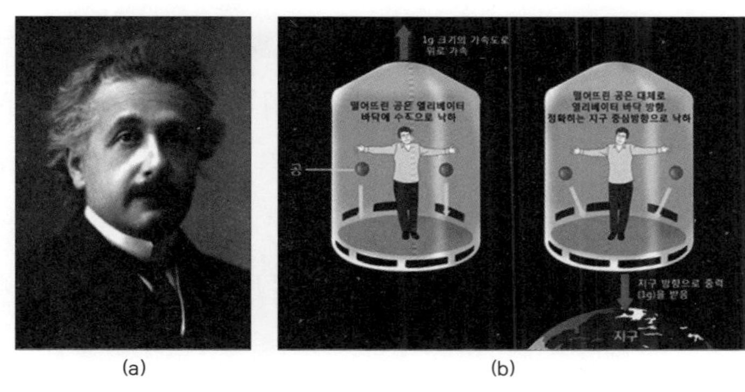

(a)   (b)

그림 3.3 알베르트 아인슈타인의 (a) 인물사진 및 (b) 등가원리의 착상.

2. 인간성이 부족해도 연구 업적으로 받은 노벨상 수상자

국가 산업 발전의 원동력인 비료의 원료인 암모니아는 프리츠 하버(Fritz Haber)가 '암모니아의 합성: 하버-보쉬법'의 공로로 1918년 노벨 화학상을 수상하였다. 암모니아 합성에서 프리츠 하버는 하버-보쉬법의 이론을 만들었고, 카를 보쉬는 실험을 수행하였다. 그럼에도 불구하고 프리츠 하버만 노벨 화학상을 수상하였다. 이

때 탈락을 맛 본 카를 보쉬(Carl Bosch)는 프리드리히 베르기우스(Friedrich Bergius)와 함께 '화학적 고압 방법의 발명과 개발'이라는 공로로 1931년 노벨 화학상을 공동 수상하여 그의 목적을 달성하였다. 그런데 프리츠 하버는 제1차 세계대전 당시에 독가스 개발과 살포를 주도해 '독가스 아버지'로 불렸다. 제1차 세계대전이 독일의 패배로 끝나자 프리츠 하버는 전쟁 범죄자로 지목되자 스위스로 피신하였다. 따라서 이들에게서 볼 수 있는 바와 같이 연구 업적이 탁월하면 인성에 문제가 있어도 노벨상을 수여하는 것 같다.

3. 암의 기원을 밝힌 야마기와 가쓰사부로 및 이치가와 고이치

야마기와 가쓰사부로와 이치가와 고이치는 1915년에 토끼 귀에 콜타르를 지속적으로 발라 인공적으로 암을 유발해내는 데 성공하였다. 이들은 암의 발생 과정을 발견하였는데, 암의 기원에 대하여 기생충이 암의 원인이라고 주장한 덴마크의 과학자 요하네스 피비게르(Johannes Fibiger)가 '발암 기생충 스피롭테라 칼시노바 발견'의 공로로 1926년 노벨 생리학·의학상을 단독 수상하였다.

그러나 요하네스 피비게르의 기생충-암 기원설은 비타민A 결핍증에 걸린 쥐에게 기생충이 감염됐을 때, 만성 염증이 발생하는 것일 뿐이라며, 그 발병 기전에 대해 정확하게 해명되었다. 따라서 요하네스 피비게르의 연구는 틀린 것으로 판명됐다.[19] 그러나 노벨상 수상은 한번 결정되면 번복되지 않음으로 수상이 박탈되지 않고 유지되었다. 만약에 이들이 1926년에 노벨 생리학·의학상을 수상하였다면, 이들은 일본 최초의 노벨상 수상자가 되었을 것이고 유카와 히데키보다 23년 빠른 일본 최초의 노벨상 수상자가 되었을 것이다.

4. 노벨 위원회 논문의 번역본에서 "세계 최초"가 빠진 스즈키 우에타로

스즈키 우에타로는 1910년에 세계 최초로 비타민 B_1을 발견했는데, 노벨 위원회에 제출된 해당 논문의 독일어 번역본에서 '세계 최초'로 발견됐다는 사실이 기술되지 않아, 노벨 위원회의 주목을 끄는 데 실패했고, 결국에 크리스티안 에이크만(Christiaan Eijkman)에게 비타민 B_1의 최초의 발견자로 인정받아 '항신경염성 비타민 발견'의 공로로 1929년 노벨 생리학 · 의학상을 공동 시상하였다.[19]

5. 풀러렌의 논문을 영어가 아닌 일본어로 작성한 오사와 에이지

탄소의 새로운 형태인 꼭지점 60개와 면 32개를 가진 축구공 모양의 C_{60}의 3차원 분자구조를 발견한 로버트 컬(Robert Curl), 해럴드 크로토(Harold Kroto) 및 리처드 스몰리(Richard Smalley)가 '새로운 탄소 화합물인 풀러렌의 발견'의 공로로 1996년 노벨 화학상을 공동 수상하였다. 그러나 처음으로 풀러렌(Fulleren)을 이론적으로 구성한 사람은 오사와 에이지였으나, 이의 논문을 영어가 아닌 일본어로 작성하는 바람에 사람들에게 주목받지 못해서 후보자에도 오르지 못했다. 만일 그가 논문을 영어로 작성했다면 확실하게 노벨상을 받을 수 있었을 것이라고 네이처가 분석하였다. 따라서 노벨상을 수상하기 위하여는 영어로 논문을 작성하여 제출하고 이를 설명할 수 있는 탁월한 능력을 갖추어야 한다.[19] 그림 3.4에 풀러렌,

탄소나노튜브 및 그래핀의 모양을 볼 수 있다.[69]

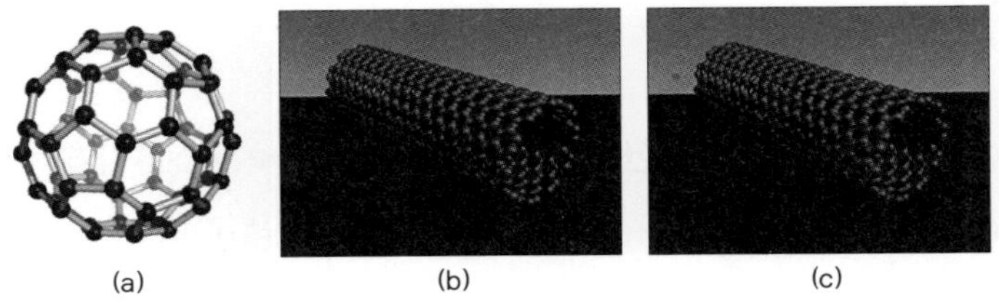

그림 3.4 탄소의 동소체 (a) 풀러렌, (b) 탄소나노튜브 및 (c) 그래핀.

6. 청색 LED를 발명한 니치아 화학공업의 나카무라 슈지

일본인 아카사키 이사무, 아마노 히로시 및 나카무라 슈지는 '청색 LED 발명'의 공로로 2014년 노벨 물리학상을 공동 수상하였다. 아마노 히로시는 아카사키 이사무의 제자이다. 그리고 나카무라 슈지는 니치아 화학공업에 근무하는 기술자였으며, 청색 LED를 최초로 대량생산에 성공한 발명가이다. 어두운 곳을 더 밝게 비춰주고 밤을 아름답게 수놓는 LED는 초창기에는 빨간색과 녹색 두 색상만을 나타낼 수 있었다. 그러면 빛의 삼원색을 갖추지 못해 백색광을 만들지 못했다. 그런데 청색 LED를 발명하여 백색광을 만들 수 있게 되었다. 따라서 수명이 길고, 저렴하며, 살균력도 있는, 제2의 전구 발명이라고 높이 평가했다.[15]

7. 인류애를 발휘하여 말라리아 치료제를 개발한 노벨상 수상자

로널드 로스(Ronald Ross)는 '말라리아의 인체 침투 과정 연구'의 공로로 1902년 노벨 생리학·의학상을 단독 수상하였는데, 지금으로써는 당연한 것처럼 보이지만 당시에는 말라리아가 모기를 통해 전파된다는 것을 최초로 밝혔다. 현재도 아프리카에서는 하루에 8,000명 이상의 어린이가 말라리아로 죽어가고 있다.[70] 따라서 말라리아 퇴치가 전 세계적인 문제이다. 최근에는 중국의 투유유(Tu Youyou)가 '말라리아에 대한 새로운 치료법 발견'의 공로로 2015년 노벨 생리학·의학상을 공동 수상하였는데, 우리들 주위에 흔한 쑥에서 아르테미시닌을 추출해 내어 말라리아 치료율을 획기적으로 높였다고 한다.

그리고 우리가 잘 알고 있는 바와 같이 '원시림의 성자'인 알베르트 슈바이처(Albert Schweitzer)도 '아프리카 빈민을 위한 의료 활동'의 공로로 1952년 노벨 평화상을 단독 수상하였다. 알베르트 슈바이처는 30세까지는 자신이 좋아하는 학문과 예술을 위해 살고, 그 후에는 인류에 직접 봉사하겠다고 결심하였는데, 이를 한 치의 오차도 없이 실행하였다.[71] 그는 젊었을 때 괴테의 연구가로 괴테상을 수상했고, 음악에도 조예가 깊어 파이프 오르간 연주자로 활동하였으며, 더욱이 1905년에는 《음악가·시인 요한 제바스티안 바흐》를 발표하여 음악에 대한 탁월한 재능을 보였다.

8. 정치가, 철학자 및 대중 가수가 수상한 노벨 문학상

제2차 세계대전을 승리로 이끈 영국의 지도자 윈스턴 처칠(Winston Churchill)은 마음속으로 노벨 평화상을 기대했는데, '제2차 세계 대전사'의 공로로 1953년 노벨 문학상을 시상하자, 마음에 들지 않아 수상에 대하여 시무룩하였다고 한다.[28]

프랑스 철학자인 앙리 베르그송(Henri Bergson)은 프랑스의 유심

론의 전통을 계승하면서도, 찰스 다윈 등이 주장하는 진화론의 영향을 받아 생명의 창조적 진화를 주장하였다. 그의 학설은 철학, 문학 및 예술에 큰 영향을 주었다. 그의 주요 저서로는《시간과 자유의지》,《창조적 진화》및《도덕과 종교의 두 원천》등이 있다. 그는 '도덕과 종교의 두 원천(철학)'이라는 공로로 1927년 노벨 문학상을 단독 수상하였다.

영국의 수학자, 철학자, 역사가인 버트란드 러셀(Bertrand Russell)은《철학이란 무엇인가》,《서양 철학사》,《행복의 정복》등 60권 이상의 서적을 출판하였다. 그는 '서양 철학의 역사(철학)'의 공로로 1950년 노벨 문학상을 단독 수상하였는데, 서양 철학의 역사라는 공로가 문학과 무슨 연관이 있는지 납득하기 어렵다. 또한 우리에게 널리 알려진 대중음악 가수인 밥 딜런(Bob Dylan)은 'Like a Rolling Stone(대중음악)'의 공로로 2016년 노벨 문학상을 단독 수상하였는데, 음악의 제목이 노벨상 수상의 공로라니 전혀 연관성이 없어 보인다.[19]

6. 불우한 노벨상 미수상자

노벨 과학상에는 물리학상, 화학상 및 생리학·의학상이 있다. 각 분야의 당대 최고 과학자들은 당연하게 노벨 과학상을 받았을 것이라고 생각한다. 그러나 우리가 알고 있는 저명한 과학자 혹은 인류의 과학 발전에 획기적인 업적을 이룩한 인물 중에서도 노벨 과학상을 받지 못한 자들이 적지 않다.

일찍이 지동설을 주장했던 갈릴레오 갈릴레이는 1642년, 뉴턴 운동법칙을 발견한 아이작 뉴톤은 1726년, 전자기유도 현상을 규명한 마이클 패러데이는 1867년 그리고 원자설 창시자 존 돌턴은 1844년에 사망하여, 노벨상의 수상자 발표가 개시된 1901년 10월 이전에 사망하여, 노벨 재단의 규정에 의하여 사후수상에 해당되어, 위대하고 역사적인 업적에도 불구하고 노벨상을 수상하지 못했다.

또한 최초로 원자량에 따라서 주기율표를 만든 드미트리 멘델레예프, 최초로 원자번호에 따라서 표준 주기율표를 만든 헨리 모즐리, 나일론을 발명한 월리스 캐러터스, DNA의 이중나선 구조를 밝히는 데 결정적 역할을 한 로절린드 프랭클린, 핵분열의 원리를 밝혀 알베르트 아인슈타인이 '독일의 마리 퀴리'라고 극찬한 리제 마이트너, 중성자별인 펄서를 발견한 조셀린 버넬, 알베르트 아인 슈타인 이후 최고의 이론 물리학자로 불리는 스티븐 호킹, 세계적 인 대문호 레프 톨스토이 및 호르헤 보르헤스 등도 안타깝게 노벨 상을 수상하지 못했다.

1. DNA 이중나선 구조 발견의 공로자 로잘린드 프랭클린

제임스 왓슨, 프랜시스 크릭 및 프레더릭 윌킨스가 '핵산의 분자 적 구조 및 유전정보 전달에 있어서의 중요성에 관한 발견'의 공로 로 1962년 노벨 생리학·의학상을 공동 수상하였다. 그러나 DNA 가 이중나선 구조를 가졌다는 결정적인 증거인 DNA의 X선 회절 사진은 로절린드 프랭클린(Rosalind Franklin)이 찍은 것이었으며, 그녀와 불편한 관계에 있던 동료 과학자 프레더릭 윌킨스(Frederick Wilkins)가 그녀의 사전 허락도 없이 X선 회절 사진을 분석하고, 이 를 제임스 왓슨과 프랜시스 크릭(Francis Crick)에게 제공함으로써, 제임스 왓슨과 프랜시스 크릭의 연구가 가능했기에, 이후 그들은 '프랭클린의 영광을 도둑질했다.'라는 비판을 받았다. 불행하게도 로잘린드 프랭클린은 1958년에 암으로 사망하여 노벨상 후보조차 도 오르지 못했다.

프랜시스 크릭에 의하면 '로절린드 프랭클린의 데이터는 DNA 의 구조에 관한 제임스 왓슨과 프랜시스 크릭의 1953년 논문을 위해 실제로 사용된 데이터이다. 그러나 DNA의 나선 구조를 보여주는 로절린드 프랭클린의 X선 회절 이미지는 그녀의 허가 없이 사용되었다. 이 이미지와 그녀의 정확한 데이터 해석이 DNA 구조 결정에 중요한 역할을 했지만, 이 과정에서 그녀의 기여는 자주 무시되었다.'라고 말하였다. 이러한 사실은 그녀의 출판되지 않은 논문 초안을 보면, 그녀는 독자적으로 DNA 나선 구조와 구조 바깥쪽의 인산기의 위치를 파악하고 있었다는 것을 알 수 있다.

1951년 11월 21일 캠브리지 대학교 킹스 칼리지에서 DNA에 관한 세미나가 열렸다. 제임스 왓슨은 로절린드 프랭클린의 DNA 분자 바깥에 물이 둘러싸고 있다는 의견을 무시했다. 1주일 후 제임스 왓슨과 프랜시스 크릭은 인산이 안쪽에 들어가 있는 모델을 만들어 보여 주었다. 그러자 로절린드 프랭클린은 이 모델에서는 물을 흡수할 수 있는 능력이 떨어진다며 비판했다. 이 일로 캠브리지 대학교 캐번디시 연구소의 윌리엄 로렌스 브래그 소장은 최초의 모델이 실패하자, DNA 구조 관련 연구를 중단하고 킹스 칼리지에 넘기라고 명령하였다.

이러한 이유로는 제임스 왓슨과 프랜시스 크릭은 DNA의 겉과 속을 뒤집은 형태를 발표했기 때문이다. 여기에서 소수성 염기가 물과 접촉하고 친수성 인산들이 안에 들어가 있고, 인산끼리 반발하는 힘이 강하여 구조적으로 불안정하였기 때문에, 화학적으로 검증된 DNA의 안정성과는 배치되는 형태였다. 따라서 DNA의 당과 인산이 결합된 백본(Backbone)이 바깥쪽에 있어야 하고, 염기쌍이 안쪽에 있어야 하기 때문이다. 로절린드 프랭클린도 이 발표를 들었고, 그녀도 이와 같이 지적하면서 이러한 예측을 평가절하였다.

　DNA의 이중나선 구조는 제임스 왓슨과 프랜시스 크릭이 1953년 네이처에 실은 논문(Vol. 171, pp 737-738)에서 처음으로 밝혔다. 여기에서 그들은 두 개의 리본과 리본 사이의 막대만 그려 놓았다. 두 개의 리본은 인산-당의 결합이고 수평으로 있는 막대는 결합을 함께 유지하는 염기쌍으로 설명하였다. 그러나 어디에도 이를 입증할 수 있는 데이터는 없고, DNA 구조도 무슨 화학물질이 들어 있는지 설명도 없이, 선만 그려 놓아 그들의 추론 및 그림이 전부였다.[43] 그림 3.5에 DNA 이중나선 구조를 표시하여 놓았다.

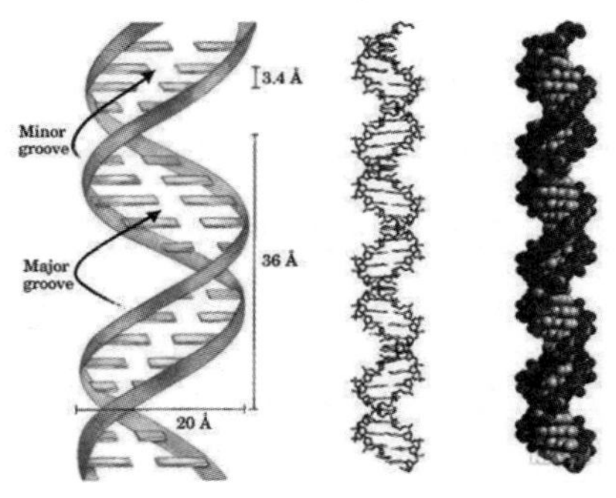

그림 3.5 DNA의 이중나선 구조.

　이 논문만 본다면 황당하지만, 이 논문과 같은 권의 뒷 페이지에 그들이 만든 모델을 뒷받침 해주는 로잘린드 프랭클린과 프레더릭 윌킨스의 논문이 실렸다. 그래서 당시 독자들은 제임스 왓슨과 프랜시스 크릭의 논문에서 'DNA의 구조가 이랬단 말인가!'하고 의심하고 석연치 않은 기분이 되었다가, 뒷 페이지에 실린 로잘린드 프랭클린과 프레더릭 윌킨스의 논문을 보고서야, 거기에 있는 데

이터와 결론을 제임스 왓슨과 프레더릭 크릭의 구조 예측으로 설명하면 간결하게 맞아 떨어졌다. 비로소 DNA의 구조 예측이 정확하게 설명될 수 있는 것을 알게 되었다.[72]

이를 이해하기 위하여 그림 3.6에서 이들의 구성 분자를 확인할 수 있다. 여기에서 당+인산의 백본 사이에 염기쌍이 연결돼 있는 것을 알 수 있다. 그리고 염기쌍인 아데닌(A)-티민(T), 구아닌(G)-사이토신(C)도 확인할 수 있다.[43]

2. 원자량에 따라 배열한 최초 주기율표 발명자 드미트리 멘델레예프

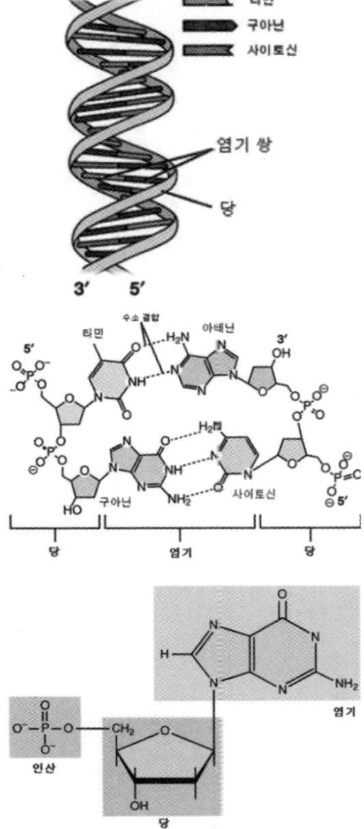

그림 3.6 DNA의 당, 인산 및 염기의 구조.

우리가 알고 있는 바와 같이 물질의 기본적인 구성단위는 원소이며 지금까지 발견된 원소는 118개에 달한다. 이렇게 많은 원소들을 어떤 기준에 의해 분류할 수 있다면 물질세계의 규칙성을 발견할 수 있을 뿐만 아니라 새로운 물질의 성질도 예측할 수 있을 것이다. 따라서 과학자들은 일찍부터 원소를 분류하려는 시도를 해 보았다. 그러한 시도는 화학적 성질이 비슷한 원소가 주기적으로 나타나는 현상, 다시 말하면 주기성(週期性)이 발견되면서 체계화할 수 있었다.

러시아의 화학자 드미트리 멘델레예프(Dmitri Mendeleev)는 1868년 말에 《화학의 원리》를 저술하기 위하여, 당시까지 알려져 있던 63종 원소의 배열 순서를 생각하는 과정에서 주기율표(Periodic Table)를 발견하였다. 최초의 주기율표는 1869년 러시아 화학회에서 처음으로 발표되었다. 이 주기율표는 원소의 원자량(Atomic Weight)이 증가하는 순서대로 배열하였다. 그림 3.7에 멘델레예프의 주기율표가 도시되어 있다.[73] 여기에서는 주기율표의 4곳이 비어 있는데, 드미트리 멘델레예프는 새 원소가 발견되면 그 자리에 채워진다고 예언하고, 그들의 원자량, 비중 및 색깔 등을 나타내 보였다. 그러나 여기에 우리가 알고 있는 불활성기체는 하나도 없었다.

멘델레예프의 주기율표가 우수한 점은 비슷한 성질을 가진 원소들이 함께 묶이고, 당시에 발견되지 않은 4개 원소의 성질을 예언하였는데, 아래에서 볼 수 있는 바와 같이 나중에 이들이 일치하였다는 것이다. 예로써, 1875년 프랑스 화학자가 드미트리 멘델레예프가 예언한 원소들 중 하나인 31번 에카알루미늄를 발견하였다.

이 원소는 갈륨(Ga)이었다. 하지만 이 원소는 그가 예측했던 것과 성질은 비슷했지만 비중이 달랐다. 드미트리 멘델레예프는 이 원소의 비중을 5.9라고 예측했는데 프랑스 화학자의 실험치는 4.7이었다. 그래도 드미트리 멘델레예프는 자신이 옳으며 프랑스 화학자가 틀렸을 것이라고 주장하였다. 나중에 재측정을 통해 드미트리 멘델레예프가 맞는 것으로 드러났다.

이와 같이 1879년에는 21번 에카붕소가 스칸듐(Sc), 1882년에는 32번 에카실리콘이 게르마늄(Ge) 그리고 그의 사후에 43번 에카망간이 테크네튬(Tc)으로 확인되었다. 게르마늄에 대하여 드미트리 멘델레예프는 비중이 5.5이고 회색을 띤 금속이라고 예측했는데, 실제 발견된 것 역시 비중 5.47에 회색을 띤 광체가 나는 금속이었다. 정말로 드미트리 멘델레예프의 예언이 믿기 어려울 정도로 정확하였다는 것이 증명되었다.

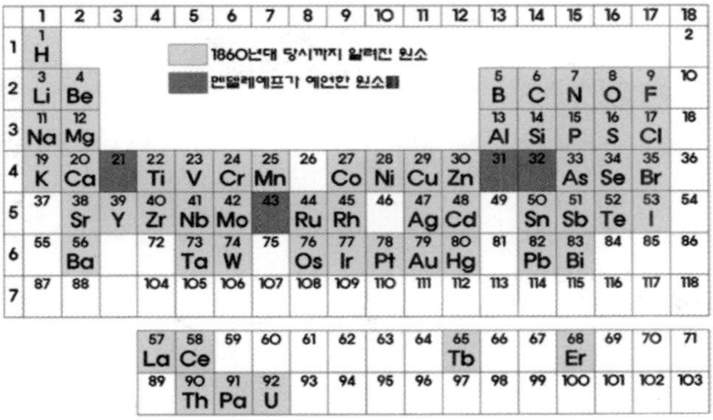

그림 3.7 멘델레예프의 주기율표.

드미트리 멘델레예프의 주기율표는 꿈과 인연이 깊은 것 같다.

독일의 화학자 프리드리히 케큘러가 1865년 벤젠의 고리구조를 밝혀낸 것도 꿈 덕분이었는데, 4년 후인 1869년에도 드미트리 멘델레예프가 그토록 알아내고자 했던 원소들의 분류 규칙을 알아낸 것도 꿈 덕분이었다. 그는 종이 카드 63장에 각 원소 하나의 이름과 원자량, 이의 성질 등을 쓴 다음에 다양한 방식으로 배열해 보았다. 몇일에 걸쳐 다양한 시도를 해 보았으나 만족할 만한 답이 나오지 않았다.

그러던 어느 날 그는 카드로 어질어져 있는 책상에서 연구를 하다가 깜박 잠이 들었다. 그리고 꿈을 꾸었다. 그는 '나는 꿈 속에서 모든 원소들이 정확이 있어야 할 위치에 자리 잡은 표를 보았다. 꿈에서 깨어나자 마자 즉시 종이에 그것을 기록했다.'라고 말했다. 이를 〈원소의 구성 체계에 대한 제안〉이란 제목으로 발표했다. 이 논문에서 지금과는 다르지만 수직으로는 원자량이 증가하는 순서로 그리고 수평으로는 유사한 성질을 가진 원소들이 배열되어 있었다.

최초의 주기율표로 유명한 드미트리 멘델레예프는 1표 차이로 '불소 원소에 대한 연구'의 공로로 프랑스의 앙리 무아상(Henri Moissan)에게 1906년 노벨 화학상을 빼앗겼다. 당시에 주기율표는 원소의 주기성을 파악하고 이를 기준으로 배열한 수준에 불과하고, 왜 주기성이 존재하는지는 증명하지 못한 상태여서 높게 평가받지 못하였다. 반면에 앙리 무아상은 1886년 액체 플루오린화 수소 용액을 전해하여 플루오린 유리에 성공하였다. 이의 제조에는 전기로를 사용하는 위험한 고도의 기술을 요구하였고, 이의 정제는 대단히 어려우며 더 긴급한 문제였다.

3. 원자번호에 따라 배열한 표준 주기율표 발명자 헨리 모즐리

헨리 모즐리(Henry Moseley)는 어니스트 러더퍼드 밑에서 방사능을 연구하다가, 원자에 전자빔을 발사하는 방법으로 원소를 연구하는 것에 흥미를 가지게 되어, 러더퍼드의 만류에도 불구하고 X선 산란 연구를 시작했다. 전자빔을 원자에 발사하면 원자 내부의 전자가 방출되고, 고에너지의 전자가 바닥 상태로 전이하면서, 고에너지의 X선을 방출한다. 헨리 모즐리는 X선의 파장(혹은 진동수)과 원자핵 속의 양성자 수, 다시 말하면 그 원자의 원자번호 사이의 관계를 도출하여 '모즐리의 법칙'을 발견하였다. 모즐리의 법칙이란 음극선을 물질에 조사했을 때 나오는 X선의 진동수의 제곱근이 원자번호에 비례한다는 법칙이다.

$$\sqrt{v}=a(Z-b) \tag{3-1}$$

여기에서 v는 진동수, Z는 원자번호 그리고 a, b는 상수이다.

당시에 화학자들은 드미트리 멘델레예프 방법에 따라 대부분의 원자를 원자량의 순서에 따라 번호를 매겼는데, 코발트(Co) 27번과 니켈(Ni) 28번에서는 이 순서가 맞지 않았다. 왜냐하면 코발트의 원자량은 58.93이고 니켈의 원자량 58.71이므로 원자량의 순서대로 배열을 하기 위하여는 이들의 순서를 바꿔어야 한다.

헨리 모즐리는 이것의 원인을 밝혀내어 원자번호는 원자의 구조에 대한 정확한 이해를 바탕으로 정해진다는 것을 밝혔다. 그는 원자번호가 원자핵의 양전하 수에 비례한다는 것을 실험을 통해 입증하였다. 그는 실험의 결과를 바탕으로 당시에 4개의 원소를 제외하고 주기율표를 완성하였다.[74] 그러나 헨리 모즐리는 제1차 세계 대전 때 육군의 만류에도 불구하고 영국 육군에 지원하여 통신병으로 참전했다가, 1915년 연합군이 수많은 사상자를 낸 갈리폴리 전투에서 튀르키예와의 격전 중에 27세의 아까운 나이에 전사하였다. 아마도 주기율표에 업적을 남긴 사람은 노벨상과 인연이 없는 모양이다.

그가 사망한 후에 많은 과학자들은 그에게 경의를 표하는 마음으로, 헨리 모즐리가 찾아내지 못한 4개의 원소를 찾아내는 데 전력을 다해, 원자번호 72번인 하프늄(Hf), 91번인 프로탁티늄(Pa) 그리고 43번인 테크네튬(Tc) 등을 발견하였다. 나중에 원자번호 61번인 프로메튬(Pm)과 75번인 레늄(Re)도 발견하여 주기율표를 완성하였다. 그림 3.8에 모즐리의 주기율표가 나타나 있다.

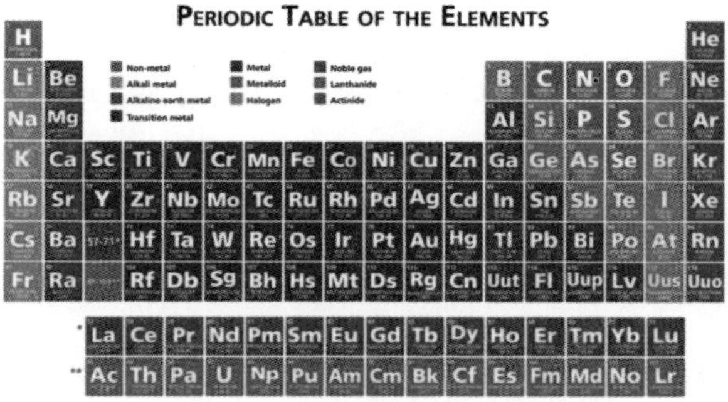

그림 3.8 헨리 모즐리의 표준 주기율표.

4. 나일론을 합성한 화학자 월리스 캐러더스

1938년 9월 21일 미국의 듀퐁사는 '나일론'이라는 새로운 섬유를 발명했다고 발표하였다. 미국의 신문들은 '석탄과 공기와 물로 만든 섬유', '거미줄보다 가늘고 강철보다 질긴 기적의 실'이라고 대서특필했다. 그러나 이 제품의 개발자 월리스 캐러더스(Wallace Carothers)는 자신의 발명품이 날개 돋친 듯 팔리는 장면을 볼 수도 없었고, 그로 인한 명성과 부도 누리지 못했다. 월리스 캐러더스는 듀퐁사가 나일론의 발명을 발표하기 전인 1937년 4월 필라델피아의 한 호텔에서 이유도 알 수 없는 자살로 생을 마감하였다. 아마 나일론의 상품화 과정에서 주도권을 빼앗긴 것이 원인이었다는 설이 유력하다. 그는 자신의 발명품이 세상에서 큰 빛을 발하는 것을 보지 못한 채 41세의 나이에 요절하였다.[75]

5. 백열전구 등을 발명한 발명왕 토머스 에디슨

미국의 전기공학 분야에서 쌍벽을 이루는 천재 발명가인 토머스 에디슨(Thomas Edison)과 니콜라 테슬러는 전류전쟁으로 유명하다. 전기의 전력 분배 시스템에 대하여 토머스 에디슨은 직류가 우수하고 반대로 니콜라 테슬러(Nikola Tesla)는 교류가 우수하다고 대립하였다.

로이터 통신 주장에 따르면 '토머스 에디슨과 니콜라 테슬러가 노벨 물리학상을 공동 수상할 수 있었으나, 이러한 소문을 들은 니콜라 테슬러가 토머스 에디슨과 같이 받을 바에는 차라리 안 받겠다고 거부 의사를 밝히는 바람에, 어부지리로 스웨덴인 닐스 달렌이 수상하였다는 소문이 있다.'고 보도하였다.[19] 이것이 사실인지는 알 수 없으나 '등대용 가스 어큐뮬레이터에 쓰이는 자동조절기 발명'이라는 공로로 1912년 노벨 물리학상을 단독 수상한 닐스 달렌이 역사상 최악의 수상자로 뽑힌다.

세계적인 발명왕인 토머스 에디슨은 일생을 통하여 3개월의 초등교육만 받고도 1,000종이 넘는 특허를 발표하였다. 백열전구, 축음기, 촬영기, 영사기, 축전기, 이중 전신기 등 수많은 발명품으로 인류의 생활을 풍요롭게 만들었다. 그는 1878년부터 백열전구의 연구에 몰두하기 시작했다. 이로부터 1년 후에 드디어 40시간 이상 계속해서 빛을 내는 전구를 만들어 내는데 성공하였다. 백열전구를 발명하는데 2,000번이 넘는 실험에 실패하였다. 필라멘트의 재료로는 대나무가 적합하다는 사실을 알고, 세계 여러 곳에 있는 대나무 산지까지 사람을 보내어 재료를 모아 들였다. 일본 교토 지방에서 산출되는 대나무가 가장 우수하다는 사실이 밝혀져 이를 10년간 계속 사용하였다는 일화는 유명하다.[76]

그는 교육에 대해서도 '현재의 시스템은 두뇌를 하나의 틀에 맞추어 가고 있다. 독창적인 사고를 길러내지는 못한다. 중요한 것은 무엇이 만들어지고 있는 과정을 지켜보는 일이다.'라고 날카로운 비판을 서슴치 않았다. 토머스 에디슨이 일찍이 독창성의 중요성을 간파하여 이를 인류에 전파하고자 노력하였다. 그리고 우리가 잘 알고 있는 '천재란 99%가 땀이며, 나머지 1%가 영감이다.'라는 말은 인생에 대한 귀감이 되는 경구다.

6. 세계적인 대문호 레프 톨스토이 및 호르헤 보르헤스

세계에서 가장 위대한 작가 중 한 명으로 꼽히는 러시아 대문호 레프 톨스토이(Leo Tolstoy)는 《전쟁과 평화》, 《부활》, 《안나 카레니나》, 《톨스토이 참회록》 등의 수많은 명작을 발표하였다. 사실주의 문학의 대가로 통하는 그는 '인간의 심리분석'과 '개인과 역사 사이의 모순 분석'을 통하여 최상의 리얼리즘을 성취해냈다. 그는 일상의 형식적인 것을 부정하고 인간의 거짓, 허위, 가식 및 기만을 벗겨 내고자 했다.[77]

제1회 노벨 문학상 수상자에 최유력 후보로 거론되었던 러시아 대문호 레프 톨스토이는 스웨덴과 역사적으로 불편한 러시아인에다가 기독교적으로는 무정부주의를 표방했다는 이유로 노벨 문학상 수상자에서 탈락하였다. 아마 노벨상 역사상 세계적으로 위대한 대문호의 노벨 문학상 탈락으로 기록될 것이다.

남미의 대문호인 호르헤 보르헤스(Jorge Borges)도 아르헨티나의 소설가로 《불한당들의 세계사》, 《픽션들》 등을 발표하였고, 그는 연작 형태의 짧은 이야기들로 구성된 독특한 소설 《픽션들》로 유명하다. 그는 파시스트와 독재정권을 지지했다는 이유로 노벨 문학상 수상자에서 탈락하였다.[78]

제4장

아시아 최다 노벨상 수상자를 배출한

일본의 비결

　미국 함선들이 1853년부터 1854년 사이에 일본의 도쿄만으로 진입해 문호 개방을 요구하는 압박을 하자, 일본은 이에 굴복하여 1854년 미일 화친 조약을 맺었다. 이로써 200년 이상 이어온 쇄국 정책이 막을 내리게 되었으며, 우리는 이들 함선들의 선체가 검은 색이었기 때문에 '흑선 사건'이라 부른다.

　이로부터 얼마 지나지 않아 1858년에 미일 수호통상 조약을 체결함으로써 일본은 완전 개항하게 되었다. 이어서 막부를 폐지하고 1868년 왕정복고의 메이지 유신을 선포하였다. 메이지 유신 초기인 1871년 유학생 43명을 포함하여 106명으로 구성된 이와쿠라 사절단이 미국과 유럽을 둘러보고, 근대화 정책의 방향을 찾기 위하여 2년간에 걸쳐 12개국을 순방하였다. 이들에게 주어진 임무는 미국 등과 맺은 불평등조약을 재협상하고, 교육, 과학, 경제 및 군사에 대한 정보를 수집하여 일본 근대화를 촉진하는 것이었다.[79]

일본 근대 과학의 기원도 다른 분야와 마찬가지로 1868년 메이지 유신으로 거슬러 올라간다. 근대 국가 수립의 핵심 목표는 '부국강병'이었다. 여기에는 국가조직을 이끌 엘리트 집단의 양성이 필수적이었다. 따라서 메이지 정부는 서구에 국비 유학생을 대대적으로 파견했다. 1871년의 이와쿠라 사절단이 대표적이다. 이와쿠라 사절단의 특징은 어린이들을 미국, 영국, 독일, 프랑스 및 러시아 등에 유학시켰다는 것이다. 장기적으로 미래의 인재를 양성하겠다는 커다란 목표를 가지고 있었다. 그때 이와쿠라 사절단에 동승한 43명의 뛰어난 유학생들이 귀국 후 다양한 분야에서 활동하면서 일본의 기초과학을 발전시킨 원동력이 되었다.

한편 일본은 중국 및 조선과 결별하고, 서양 문물을 빠르게 흡수할 수 있었던 것은, 서양의 산업을 일본에 빠르게 정착시켜 발전시키고, 이들에 맞서 독립을 유지하려는 정책을 채택하였기 때문이다.

1. 일본 과학 발전의 선각자 후쿠자와 유키치

후쿠자와 유키치는 메이지 시대의 대표적인 계몽 사상가이고 선각자였다. 그는 봉건시대를 타파하고 서구 문명의 도입을 강력하게 주장하였다. 이에 따라 서양의 자연과학과 문물 등을 소개하고 보급하는 여러 권의 서적을 통하여 후대의 과학 기술자에게 커다란 영향을 끼쳤다. 그의 대표적 서적인 《학문의 권장》, 《문명론의 개략》 등은 당대를 대표하는 베스트셀러가 되어 사회적으로 큰 영향을 끼쳤다. 그는 '동방의 나쁜 친구를 거절한다.'고 하여 청나라와 조선에 대하여 적대적인 시선을 보내며 '탈아론'을 주장하였다. 또한 난학(네델란드학)에 조예가 깊어, 여기에서 배운 물리학과 의학으로부터 자연과학을 중시하는 사고를 갖게 되었다. 후쿠자와 유키치는 오늘날 일본 과학자들이 노벨상을 다수 수상하는 데 최대의 공헌자라고 볼 수 있다.

그는 '하늘은 사람 위의 사람을 만들지 않았고, 사람 아래의 사람을 만들지도 않았다.'고 주장하였다. 그의 서적 중의 하나인 《《학문의 권장》》은 알기 쉬운 표현과 날카로운 비판을 담고 있어 당시 일본인들에게 널리 읽혔다. 여기에서 그는 개인, 사회 및 국가의 독립 자존을 중시함과 함께, 신분제를 부정하고, 사농공상의 구별 등 인간에 대한 차별을 배제해야만 한다고 주장하였다. 특히 자연과학을 배우고 읽혀 국민이 계몽될 것을 강조하였다. 그의 계몽사상이 일본이 근대로 나아가는 데 큰 역할을 하였다고 생각된다.

2. 일본 물리학 계보의 구축과 선구자

1. 야마카와 겐지로

야마카와 겐지로는 물리학을 '서양 학문의 왕'으로 평가하는 후쿠자와 유키치에 깊은 감명을 받아, 미국 예일대학으로 유학하여 일본 최초의 물리학 박사가 되었다. 그의 임무는 미국의 물리학을 도쿄대에 이식하는 일이었으며, 1875년 귀국하여 서양의 최신 물리학을 일본에 도입하는 데 공헌하였다.

2. 다카미네 조키치

세계 최초로 호르몬 아드레날린 및 녹말분해 효소인 디아스타아제를 발견한 다카미네 조키치는 노벨상을 받기에 충분한 업적을 갖고 있었다. 그러나 '일본인의 폐단은 성공을 너무 서둘러 금방 응용 쪽을 개척해 결과를 얻고자 한다는 점이다. 그렇게 되면 이화학 연구의 목적을 달성할 수 없다. 반드시 순수 이화학의 연구 기

초를 다져야 한다.'라고 생각하여 이화학연구소(RIKEN, 리켄)의 설립을 주도했다.[80]

그는 독일의 카이저 빌헬름 연구소(현재의 막스 플랑크 연구소)와 미국의 록펠러 연구소같이, 국가로부터 독립된 연구소를 만들고 싶었다. 그의 소원대로 1917년 출범한 이화학연구소는 이후 100년간 일본의 기초과학 발전을 이끌었고, 일본의 유카와 히데키 및 도모니카 신이치로의 노벨상 수상의 산실이 되었다.

3. 니시나 요시오

미국에서 물리학 박사를 획득하고 일본으로 귀국한 야마카와 겐지로는 제자 나카오카 한타로를 오스트리아 빈 대학교의 루트비히 볼츠만(Ludwig Boltzmann) 교수에게 유학을 보냈다. 그리고 나가오카 한타로는 이화학연구소에서 연구하고 있던 제자 니시나 요시오를 영국 케임브리지 대학교의 어니스트 러더포드(Ernest Lawrence) 교수에게 유학을 보냈다.[81-82]

니시나 요시오는 어니스트 러더포드 교수 밑에서 2년간 공부한 후, 그의 소개로 덴마크 코펜하겐의 닐스 보어 연구실에 유학하여, 1923년부터 1928년까지 6년간 머무르면서, 베르너 하이젠베르크, 폴 디랙 및 라이너스 폴링 등 수 많은 천재들과 인연을 맺었다. 닐스 보어 연구실에서 오랫동안 머물렀던 니시나 요시오는 유럽의 소립자 물리학과의 자유로운 연구 풍토를 일본에 이식했다. 이와같은 적극적인 해외 유학은 일본과 세계 과학의 중심부를 연결하는 네트워크로 자리매김하였다.

닐스 보어 연구실에서는 유학생의 국적이 없어지고 모두 한 가족처럼 지냈다. 니시나 요시오는 이러한 자유로운 분위기를 일본으로 이식했다. 특히 그는 연구실에서 상하의 구별 없이 연구에만 몰두하는 소위 '코펜하겐 정신'을 이화학연구소에 불어 넣었다. 이에 따라 1950년 이후 일본의 많은 대학교에서 소립자 연구실이 만들어 졌는데, 이러한 '코펜하겐 정신'의 정착으로 봉건적이고 폐쇄적인 학계의 풍토를 바꾸어 놓았다. 특히 유카와 히데키의 첫 번째 제자인 사카타 쇼이치가 부임한 나고야 대학교가 대표적이었다. '학생이 선생을 무슨 교수'라고 부르는 일은 있을 수 없었고, '무슨 선생님'이라고도 부르지 않았다. 보통은 평등하게 '무슨 씨'라고 불렀다.[80]

니시나 요시오는 8년간의 유럽 유학을 마치고, 1928년에 귀국하여 이화학연구소에서 연구와 실험을 시작하였으며, 그의 제자인 유카와 히데키와 도모나가 신이치로도 합류했다. 니시나 요시오는 닐스 보어 연구실에서 함께 연구했던 닐스 보어, 베르너 하이젠베르크 및 폴 디랙 등을 초청하여 제자들과 교류하게 했으며, 이는 한창 성장 중이던 젊은 물리학도 유카와 히데키와 도모나가 신이치로에게 큰 자극이 되었다. 이들의 노력으로 이화학연구소는 명실상부한 일본 기초과학의 아성으로 성장하였다.

일본 물리학 박사 1호인 야마카와 겐지로가 미국 유학을 마치고 1875년에 귀국한 후 일본 근대 물리학 계보가 그림 4.1과 같이 형성되었다.

그림 4.1 일본의 물리학 계보.

3. 일본 최초의 노벨상 수상자 유카와 히데키

일본 최초의 노벨상 수상자가 나온 것은 1949년이었다. 그 주인 공은 원자핵에서 핵력을 매개하는 '중간자(Meson)의 존재 예측'의 공로로 1949년 노벨 물리학상을 수상한 유카와 히데키였다. 그는 방사능의 β붕괴와 핵 내 전자의 문제 등에 관해 연구하여 1935년에 중간자에 대한 논문을 발표하였다. 이후에 여러 차례 노벨상 후보에 올랐으나 탈락하고 마침내 1949년에 노벨 물리학상을 단독 수상하였다. 미국이나 유럽으로 유학하지 않고 일본 국내에서 연구하여 뛰어난 성과를 이룩한 것으로서 높게 평가할 만하다. 해외에 나가지 않아도 일본에 세계 수준의 연구 환경이 이미 조성되었기 때문이다. 그림 4.2에서 유카와 히데키의 인물사진 및 그가 중간자를 강의하는 모습을 볼 수 있다.[81, 83]

(a)　　　　　　　　　　　　　　(b)

그림 4.2 유카와 히데키의 (a) 인물 사진 및 (b) 그의 중간자 강의 모습.

유카와 히데키의 노벨상 수상은 그의 스승 야마카와 겐지로가 귀국한 1875년으로부터 74년 만이며, 학맥으로 따져 야마카와 겐지로부터 4대째에 이룬 성과이다. 유카와 히데키의 일본 최초의 노벨상 수상은 패전으로 실의에 차 있던 일본 국민들에게 많은 기쁨과 영광을 선사하였다.

유카와 히데키는 야행성 연구자로 알려져 있다. 집에서 전등을 켜면 아이들이 잠을 깨기 때문에, 부인 유카와 스미는 연구에 방해가 되지 않기 위하여, 겨울밤에도 울고 있는 아이를 업고 교토대의 얼어붙을 듯한 추위 속에 서성이며, 추위를 잊으려고 노력하였다. 유카와 히데키의 부인 유카와 스미는 고등학교에 다닐 때에 선생님께서 외국에 노벨상이란 것이 있는데 일본인은 이를 받지 못했다는 이야기를 들은 적이 있었다. 그녀는 결혼하자마자 남편에게 일본인은 왜 노벨상을 받을 수 없는지 물어 보았다. 남편이 자신의 야망을 이야기하자 부인은 다음과 같이 결심하였다. 즉 '나는 집안일을 전부 할 테니까 당신은 노벨상을 꼭 받아 주세요.'라고 애원

하였다는 일화는 유명하다.[84]

이와 같이 세계적 네트워크를 가지고 활동하는 1920년대 일본의 물리학은 세계 물리학계로부터 인정을 받았다. 니시나 요시오는 1931년부터 이론 물리학 연구와 함께 가속기 개발에 전력하여, 1937년 미국에 이어 두 번째로 사이클로트론 발명에 성공하였다. 그러나 사이클로트론이 핵 개발에 이용될 수 있다는 우려 때문에 2차 세계대전 종전 직후에 미국에 의해 도쿄 만에 폐기되었다.[81]

1945년 2차 세계대전 종전 후 이화학연구소는 해체 위기에 몰렸으나, 이화학연구소 소장이 된 니시나 요시오가 미군 사령부와 협상하여 연구소를 존속시키는 데 성공하였다. 이로써 연구소를 키우고 보존해 패전으로 인맥이 끊기는 것을 막았고, 이는 전후 일본의 과학이 빠르게 본래 위치로 돌아가는 원동력이 되었다.

국가 엘리트의 교육기관도 발 빠르게 만들었다. 1886년에 도쿄대학, 1897년에 교토대학, 1907년에 도호쿠대학, 1911년에 규슈대학, 1918년에 홋카이도대학, 1931년에 오사카대학 그리고 1939년에 나고야대학을 설립하였다. 엘리트 교육기관으로서 최고의 인재만 선발하였고 해외 연구를 다녀 온 교수진이 첨단 연구를 수행하였다. 지금까지 노벨 과학상을 수상한 25명은 전부 국립대 출신이며, 해외로 유학을 가지 않고 국내 국립대 등에서 연구를 수행한 국내파였다.

4. 일본의 노벨상 수상자

일본은 1901년부터 2024년까지 124년간 25명의 노벨 과학상 수상자를 배출하였다. 수상분야 별로는 물리학상 12명, 화학상 8명 및 생리학·의학상 5명이고, 경제학상 수상자는 없으며 여성 수상자도 없다.

표 2.2에서 이미 살펴 본 바와 같이, 20세기 이후의 노벨 과학상 수상자는 미국 293명, 영국 95명, 독일 88명, 프랑스 40명에 이어 일본 25명으로 세계 5위이다. 그리고 21세기 이후의 노벨 과학상 수상자는 미국 91명, 영국 24명에 이어 일본 16명으로 세계 3위이다.

세계 각국의 10년마다 노벨 과학상 수상자 수를 나타내는 표 4.1에서 알 수 있는 바와 같이, 미국은 1901-1930년 사이에는 노벨 수상자가 거의 없다가, 1931년부터 급격히 증가하기 시작하여, 1971년 이후에는 거의 일정한 수준을 유지하고 있다. 반면에 유럽 국가인 영국, 독일, 프랑스 및 네덜란드 등은 1901년부터 약간의 부침은 있으나 거의 일정한 수준을 유지하고 있다.

일본은 1901-1940년 사이에서는 노벨 과학상 수상자가 전무하다가, 1941-1950년 사이에 처음으로 노벨 과학상을 수상하였고, 이로부터 1999년까지 총 5명이 노벨 과학상을 수상하였다. 수상 분야 별로는 물리학상 3명, 화학상 1명 및 생리학 · 의학상 1명이다. 그러다가 21세기에 들어와 2001-2010년 사이에 10명 그리고 2011-2019년 사이에 9명이 노벨 과학상을 수상하여 대폭 증가하였다.[85]

이러한 이유로는 일본이 기초과학 육성을 부국강병의 최우선 목표로 삼아, 일관적이고 지속적으로 지방 국립대의 실험 시설에 장기적인 투자를 해 왔고, 우수한 학생을 유치하여 기초과학 교육을 강화하였고, 1960년대에 미국을 비롯한 선진국에 연구자를 대거 파견하여 이론 습득과 기술 도입에 박차를 가했기 때문이다. 따라서 1970년대 이후에는 지식의 수입을 넘어 자체적인 기초과학 육성이 가능하게 되었다.

표 4.1 세계 각국의 10년마다 노벨 과학상 수상자 수의 변화 추이.

국가	1901-1910	1911-1920	1921-1930	1931-1940	1941-1950	1951-1960	1961-1970	1971-1980	1981-1990	1991-2000	2001-2010	2011-2019
미국	1	1	2	9	15	29	27	40	38	40	45	40
영국	5	3	8	7	6	9	11	13	5	5	11	13
일본	0	0	0	0	1	0	1	1	2	1	10	9
독일	12	7	8	9	5	7	10	5	12	7	5	4
프랑스	6	6	3	2	0	1	6	2	1	3	4	4

국가	1901-1910	1911-1920	1921-1930	1931-1940	1941-1950	1951-1960	1961-1970	1971-1980	1981-1990	1991-2000	2001-2010	2011-2019
네델란드	4	1	2	1	0	1	0	1	2	3	1	1
이탈리아	2	0	0	1	0	2	2	1	2	0	2	0

우리가 알고 있는 바와 같이 기초과학 연구를 통해 얻을 수 있는 핵심 원천기술은 수입해서 사용할 수 없다. 왜냐하면 원천기술을 돈으로 살 수 없기 때문이다. 따라서 눈앞에 이익이 보장되지 않는 기초과학 육성과 원천기술 개발은 오로지 정부와 대학의 몫이다. 인류의 선도자가 되기 위하여는 기초과학과 원천기술의 축적은 필수적이며, 그렇지 않으면 큰 위기에 직면했을 때 항상 을의 입장이 되어 끌려 다닐 수밖에 없다. 기초과학과 원천기술을 보유하지 않으면 아무리 제품을 잘 만들어 팔더라도, 시장을 완전하게 주도한다고 볼 수 없으며, 기초과학과 원천기술이 막힐 때의 위험을 짊어지게 된다.

일본이 이와 같이 많은 노벨 과학상 수상자를 배출한 것은, 근대화를 과학과 함께 빨리 시작하였고, 정부의 일관성 있고 지속적인 기초연구에 대한 투자, 헤소마가리(외골수), 모노즈쿠리(장인정신) 및 오타쿠(귀댁)의 높은 집중과 끈기, 지방 국립대학의 우수 인재 유치와 노벨상 수상에 손색이 없는 실험 시설의 구비, 국내외 출신을 불문하고 훌륭한 스승으로 모시고 오랜 기간 지도를 받는 사사(師事), 재정과 인적자원이 부족한 상태에서 학맥(學脈)에 의한 지속성과 축적성, 정년 65세 이후 연구의 연장으로 지속성 확보 및 기업의 개방성, 미래성 및 사회성 등이 결합된 결과라고 생각된다.
부록 7에 일본의 노벨상 수상자가 나타나 있다.

5. 일본의 기관별 노벨상 수상자

1949년 유카와 히데키가 일본 최초의 노벨 과학상을 수상한 이래 총 25명의 노벨 과학상 수상자를 배출하였으며 노벨 과학상은 20세기 이후(1901년) 총 25명의 노벨상 수상자를 배출하여 세계 5위이고, 21세기 이후(2000년)에는 총 16명의 노벨상 수상자를 배출하여 세계 3위이다.

야마카와 겐지로가 귀국한지 74년 만에 유카와 히데키가 일본 최초로 노벨 물리학상을 수상하였고, 그의 제자 사카타 쇼이치는 사카타 모형 이론으로 많은 공헌을 하였으나 노벨상을 수상하지 못하였다. 그러나 그의 제자 고바야시 마코토와 마스카오 도시히데가 'CP 대칭 깨짐 원리 발견'의 공로로 2008년 노벨 물리학상을 공동 수상하였다. 여기에서 CP 대칭 깨짐(CP Violation)은 물리적 현상이 패리티 대칭(P) 및 전하 켤레 대칭(C)을 조합한 CP 대칭을 깨는 것이다. 깨진 양은 아주 작지만 우주에서 물질과 반물질의 양이 같지 않다는 사실을 설명해주고 있다. 이들은 격세 수상으로 유카와 히데키가 2명의 노벨상 수상자를 배출한 것으로 볼 수 있다.

일본은 2000년부터 2002년까지 3년 연속으로 노벨 화학상을 수상하였다. 2000년에는 시라카와 히데키가 '전도성 고분자 물질 개발', 2001년에는 노요리 료지가 '키랄 촉매에 의한 비대칭 반응 연구' 그리고 2002년에는 다나카 고이치가 '생체고분자의 질량 분석을 위한 연성 탈착 이온화 방법의 개발'의 공로로 노벨 화학상을 공동 수상하였다. 그리고 고시바 마사토시는 '우주 중성미자 검출과 관련한 선구자적 연구'의 공로로 2002년 노벨 물리학상을 공동 수상하여 3년간 4명이 노벨 과학상을 수상하는 성과를 이루었다.

2014년부터 2016년까지도 3년 연속으로 노벨 과학상을 수상하였다. 아카사키 이사무, 아마노 히로시 및 나카무라 슈지는 '청색 LED 발명'의 공로로 2014년 노벨 물리학상, 오무라 사토시는 '회충 감염의 새로운 치료법 발견'의 공로로 2015년 노벨 생리학 · 의학상, 가지타 다카아키는 '중성미자 진동 관측'의 공로로 2015년 노벨 물리학상을 공동으로 수상하였다. 그리고 오스미 요시노리는 '오토파지 메커니즘 연구'의 공로로 2016년 노벨 생리학 · 의학상을 단독 수상하여 3년간 6명이 노벨 과학상을 수상하는 쾌거를 이룩하였다.

오스미 요시노리 교수는 50년 동안 오토파지(Autophagy)에 파고든 이유를 '남들과 경쟁하기가 싫어서 였다.'라고 말했다. 남들과 경쟁하는 게 싫어서 남들이 안하는 분야에 외골수로 파고 들 수 있었다. 외골수가 통하는 그 사회의 풍토가 노벨상 수상이라는 결과를 만드는 밑거름이 되었다고 생각한다. 그가 연구한 오토파지란 세포 내의 물질이 세포 스스로에 의해 제거되기 때문에 붙여진 이름이다. 즉 세포질의 노폐물, 퇴행성 단백질이나 수명이 다하거나 변성되어 기능이 저하된 세포소기관들이 자가포식에 의해 제거된다. 세포가 살아가는 데에 있어서 불필요한 세포 구성 성분을 스스로 파괴하는 것을 말한다.

일본에서 노벨 과학상 수상자 25명을 배출한 11개 대학은 그림 4.3에서 볼 수 있는 바와 같이 모두 국립대로, 교토대 8명, 도쿄대 6명, 나고야대 3명, 도쿄공업대 1명, 도후쿠대 1명, 나카사키대 1명, 홋카이도대 1명, 고베대 1명, 도쿠시마대 1명, 야마나시대 1명 및 사이타마대 1명으로 전국적으로 고르고 넓게 분포되어 있다. 그림에서 2019년 노벨 화학상 요시노 아키라 및 2021년 노벨 물리학상 슈쿠로 마나베 수상자가 빠져있다. 여기에서 물론 최고 명문인 도쿄대와 교토대가 가장 많지만 다른 대학 출신도 넓게 분포하고 있다.[86]

이러한 이유로는 일본의 지방 대학들이 연구 시설, 연구 환경이나 연구 인력 면에서 경쟁력이 충분한다는 것을 단적으로 보여주는 사례이다. 일본 정부가 세계 제2차 대전 전후에도 일관성 있게 기초과학 진흥책을 전폭적으로 추진해 온 결과로 볼 수 있다.

2008년 노벨 물리학상 공동 수상자인 고바야시 마코토와 마스카와 도시히데는 모두 나고야대 출신이며, 이들이 사사(師事)한 스승은 교토대 출신인 노벨 물리학상 수상자인 유카와 히데키의 직계 제자인 사카타 쇼이치로, 이런 학맥이 일본 대학에 거미줄처럼 형

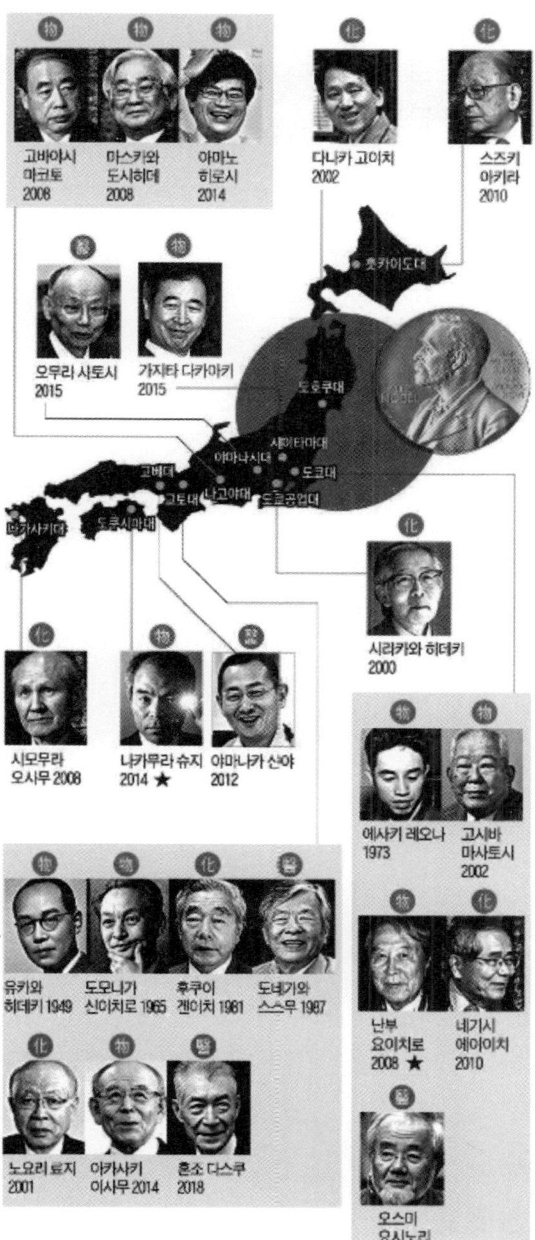

그림 4.3 일본의 기관별 노벨상 수상자.

성돼 세계적 연구 성과를 내고 있다고 볼 수 있다. 이러한 사제관계와 연구 거점을 중심으로 하는 학맥이 없었다면 패전과 장기 불황 속에서 일본은 동력을 잃고 주저앉았을 것이다.

6. 세계 최초의 학사 출신
노벨 과학상 수상자 다나카 고이치

일본 도후쿠 대학 전기공학과를 졸업하고 시마즈제작소 중앙연구소에서 근무하고 있던 다나카 고이치가 노벨 과학상 수상자 가운데 유일하게 학사 출신으로, '생체고분자의 질량 분석을 위한 연성 탈착 이온화 방법의 개발'이라는 공로로 2002년 노벨 화학상을 공동 수상하는 진기록을 남겼다. 대학에서 독일어 학점을 취득하지 못하여 대학도 한 해 더 다녔고, 일본의 일류기업 소니에 취업하려 응시하였으나 낙방하였다.

이러한 다나카 고이치에게 노벨 화학상을 안겨 준 결정적인 계기는 우연히 발생한 실수에서 시작되었다. 생체고분자를 분석하기 위하여 레이저를 고분자에 직접 쏘면 고분자가 산산이 깨지곤 하였으나, 코발트(Co)의 금속 초미분말을 쿠션용 메트릭스(Matrix)로 사용하면 분자량이 높은 생체고분자를 분석할 수 있다고 생각하였다. 그러나 실험을 수행할 때는 금속 초미분말 만으로는 시료인 생체고분자와 잘 섞이지 않기 때문에, 액체를 사용해서 시료와 메트 릭스를 섞었는데, 이때의 액체로 유기 용매인 아세톤을 사용했다. 그는 이를 이용하여 분자량이 1,350인 B_{12} 생체고분자를 분석하려 고, 시료를 분석장치에 걸 준비를 할 때에 늘 사용하던 아세톤 대 신 글리세린을 금속 초미분말에 섞어 버렸다. 글리세린은 아세톤 과 달리 끈적끈적하니까 금방 실수한 것을 깨달았으나, 그냥 버리 는 것도 아깝고 평소 할머니가 자주 말씀하시던 '물건을 아껴 쓰 고 함부로 버리지 마라.'라는 말씀이 생각나 그냥 사용하기로 하였 다. 그런데 놀랍게도 생체고분자의 질량을 정확하게 측정할 수 있 었다. 이와 같이 사소한 실수를 놓치지 않고 이를 기회로 이용하여 노벨 화학상이라는 영광을 안게 되었다.

그가 과학에 대한 호기심을 갖게 된 과정을 그의 자서전 "일의 즐 거움"에서, '초등학교 4-6학년 시절에 설탕에 황산을 뿌리면 화산 분화가 생기는 것을 보고 환호했으며, 붕산(H_3BO_3)을 냉각시키면 하얀 결정이 생기는 것을 보고 마치 눈이 내리기 시작했다고 탄성 을 질렀으며, 무엇보다도 실험을 하는 것이 그렇게 즐거울 수가 없 었다. 손을 움직여서 그 결과를 직접 눈으로 확인할 수 있기 때문이 었다. 자유롭게 상상의 나래를 펴는 습관이 붙어 실험할 때 친구들 이 나를 교과서와는 다르게 실험한다고 놀렸으나 그래도 선생님은 교과서와 다르게 실험을 하여 엉뚱한 대답을 해도 재미있는 발견 이라고 칭찬해 주었다.'라고 회상하였다.[66] 다나카 고이치가 자유롭 게 생각하고 상상의 나래를 펼 수 있도록 격려해 준 선생님의 지도 가 노벨상을 수상하는 중요한 자양분이 되었다고 볼 수 있다.[87]

7. 일본의 노벨상 수상의 비결

1. 일본의 빠른 근대화 및 과학 발전

일본은 1858년에 개항을 한 다음 1868년에 막부를 폐지하고 왕정복고의 메이지 유신을 단행하여 근대국가의 모습을 구축하였다. 이어서 1871년에는 유학생 43명을 포함한 106명의 이와쿠라 사절단을 파견하여 12개국을 탐방하고 근대화의 방법을 모색하였다. 이러한 근대화와 함께 과학기술 개발에 힘을 쏟았고 미국과 유럽에 유학한 많은 훌륭한 인재들이 일본의 기초과학 육성에 많은 기여를 하였다.

일본은 서구의 문물을 급속히 흡수하여 빠른 속도로 교육기관과 연구기관을 설립하여 기초과학의 기반을 공고히 하였다. 1886년 도쿄대를 시작으로 7개의 국립대를 전국에 설립하여 교육기관을 정비하여 기초과학을 담당하였고, 1917년에는 이화학연구소를 설립하여 100년간 일본의 기초과학 산실의 역할을 수행하였다.

일본과 비교하여 한국은 1946년에 서울대, 고려대 그리고 1957년에 연세대가 설립되어 교육기관에서 자체적인 기초과학이 시작되었으며, 1966년에는 한국과학기술연구소, 1976년에 한국화학연구소 그리고 2011년에 기초과학연구원이 설립되어 연구기관에서 기초과학 연구를 시작하였다.

따라서 교육기관인 대학은 한국이 일본보다 60년, 연구기관인 연구소는 49년 늦게 설립되어 기초과학 연구 시작 시기에 50-60년의 격차가 존재하고, 한국은 일본보다 순수 학문 쪽 연구가 시작된 역사가 짧은 데다 인적·물적 투자 규모도 적었다.

2. 일관적이고 지속적인 기초연구 투자

일본은 1995년에 '과학기술기본법'을 제정하고 5년에 한 번씩 '과학기술 기본계획'을 책정해 과학기술의 육성을 집중 지원해 왔다. 2001년의 '과학기술 기본계획'에서는 '50년간 30명의 노벨 과학상 수상'이라는 거대한 목표를 세웠는데, 20여 년이 지난 2024년까지 19명의 노벨 과학상 수상자를 배출하여 목표가 달성될 것으로 여겨진다.

일본은 1918년부터 과학연구비조성사업(약칭 과연비)을 100년 넘게 운용하고 있으며, 과연비는 기초나 응용을 불문하고 다양한 분야의 연구를 지원하는 문부과학성의 지원금이다. 과연비가 노벨상급 도전적 연구를 활성화하기 위해 2016년까지 1건당 최장 3년 동안 500만엔(약 5,400만원)까지 지원하던 것을, 2016년부터 1건당 최장 6년 동안 2,000만엔(약 2억 1,602만원)으로 확대하였으며, 일본

과연비 예산의 변화추이가 그림 4.4에 도시되어 있다.[88-91]

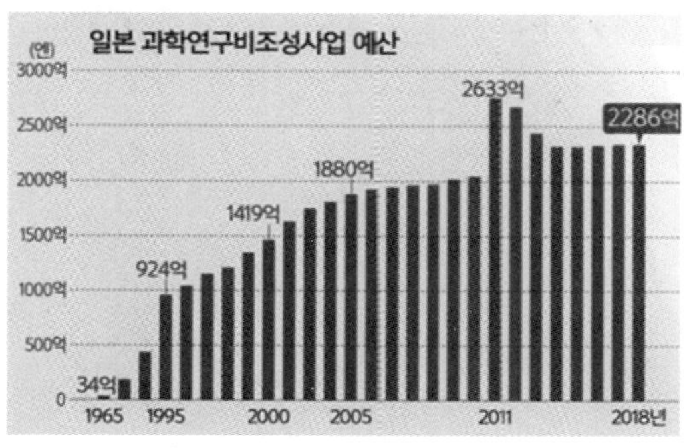

그림 4.4 일본의 과연비 예산의 변화 추이.

이에 의하면 일본의 과연비는 1955년 340억원에서 2018년 2조 2,860억원으로 50년간 67배 증가하였다. 일본의 많은 연구자들이 과연비를 받아 노벨 과학상 수상의 업적을 달성하였다.

(1) 오스미 요시노리

2016년 '오토파지 메커니즘 연구'의 공로로 노벨 생리학·의학상을 단독 수상한 도쿄대 오스미 요시노리 교수는 1982년부터 2016년까지 35년간 총 18억 엔의 과연비를 받아 노벨상 급 연구를 수행하였다. 우리들의 입장에서는 이렇게 오랜 세월 동안 연구자에게 과연비를 일관성 있게 지속적으로 제공할 수 있게 한 정부 당국의 노력이 경이롭다.

(2) 혼조 다스큐

2018년 '음성적 면역 조절 억제를 통한 암 치료법 발견'의 공로

로 노벨 생리학 · 의학상을 공동 수상한 교토대 혼조 다스큐 교수
는 1977년부터 2016년까지 40년간 총 47억 엔의 과연비를 받아 노
벨상 급 연구를 계속하였다. 그는 시대를 바꾸는 연구에는 6C가
필요하다고 강조했다. 이는 사회에 공헌을 할 수 있는 연구의 성공
을 위하여는 호기심(Curiosity), 용기(Courage), 도전(Challenge), 확신
(Confidence), 집중(Concentration) 및 지속성(Conti nuation)이 필요하
다는 것이다.

(3) 야마니카 신야

2012년 '유도만능줄기세포 개발'의 공로로 노벨 생리학 · 의학상
을 공동 수상한 고베대 야마나카 신야 교수도 1997년부터 20년간
액수는 모르나 과연비를 지원받아 연구를 수행하였다. 최근에 각
광을 받고 있는 줄기세포 연구로 일본에서 최초로 노벨상을 수상
하였다. 그는 다 자란 세포를 원시세포인 줄기세포 상태로 만드는
유도만능줄기세포를 개발하였다.

3. 헤소마기리(외골수), 모노즈쿠리(장안정신) 및 오타쿠(귀댁) 정신

헤소마가리란 자기 식으로 외길을 가는 고집불통의 외골수를 말
하며 이들은 아무도 관심을 갖지 않는 것에 관심을 갖는다. 예를
들어 2016년 노벨 생리학 · 의학상 수상자인 오스미 요시노리 교
수는 청년 시절부터 화학 및 생물학에 빠진 괴짜였으며, 효모에 관
심을 갖게 된 그는 자가포식이 일어나는 효모와 그렇지 못한 효모
를 현미경으로 처음 발견하였는데, 그가 자가포식에 관심을 두게

된 이유는 '남들과 경쟁하기가 싫어서.'였다고 한다.[88, 91]

모노즈쿠리는 '혼신의 힘을 쏟아 최고의 물건을 만든다.'라는 뜻이며, 물건을 뜻하는 '모노'와 만들기를 뜻하는 '즈쿠리'가 합성된 용어로 일본의 '장인정신'을 의미한다.

세계 최초로 학사 출신으로 노벨 과학상 수상자인 다나카 고이치는 실험을 마음껏 할 수 있다는 이유로 작은 기업인 시마즈 제작소에 입사했고, 실험하는 것이 즐거워 승진시험도 치르지 않은 채 실험에 몰두하였다. 노벨상 수상 후에 다나카 고이치는 여러 대학, 기업 및 연구소로부터의 스카우트 제의를 거절하고, 시마즈 제작소로부터 이사로 승진시키는 파격적인 인사도 사양하고, 옛날같이 자유롭게 연구할 수 있고, 자신이 하고 싶은 일을 마음껏 즐길 수 있으며, 스스로 즐거운 일을 찾아서 부지런히 연구하면서 커다란 보람을 느끼는 엔지니어의 길을 걷기로 결심하였다. 다만 그는 회사가 노벨상 수상 기념으로 세운 자신의 이름을 딴 연구소에서 펠로우로 근무하고 있다.

오타쿠는 한 분야에 열중하는 사람을 가리키며 상대방 혹은 제3자의 집을 높여 부르는 말로 '귀댁'이라는 일본말에서 유래했다. 같은 취미를 가진 사람들이 동호회에서 만나 '귀댁은 어떤 스피커를 사용하고 계십니까?' 등의 회화를 한 데서 유래하였다.

4. 유명한 국내 · 외파들을 스승으로 섬김

일본의 노벨 과학상 수상자 25명은 전부 국립대 출신이고 미국이나 유럽으로 유학을 가지 않고 국내에서 학위를 받은 국내파들이다. 이미 일본에 노벨상을 수상할 수 있는 세계 수준의 연구 환경이 조성되어 있기 때문이다.

물리학 분야에서 해외 1호 박사인 야마카와 겐지로가 1875년 귀국한 후에 제자 나카오카 한타로를, 나카오카 한타로는 제자 니시나 요시오를 유럽으로 유학을 보내 유럽의 소립자 물리학과의 자유로운 연구 풍토를 일본에 이식했다. 니시나 요시오의 제자 유카와 히데키는 야마카와 겐지로가 귀국한지 74년 만에 일본 최초의 노벨상을 수상하였으며, 유가와 히데키의 제자 사카다 쇼이치는 노벨상을 수상하지 못했으나, 그의 제자 고바야시 마코토와 마스카와 도시히데가 "CP 대칭 깨짐 원리 발견"의 공로로 2008년 노벨 물리학상을 수상하여 격세 수상으로 유카와 히데키가 2명의 노벨상 수상자를 배출한 것으로 볼 수 있다.

또한 아카사키 이사무의 제자 아마노 히로시가 2014년 노벨 물리학상을 공동 수상하여 스승과 제자가 노벨상을 수상하는 영광을 누렸다. 유카와 히데키의 동료인 도모나가 신이치로가 1965년 노벨 물리학상을 수상한 후, 그의 제자 마스카와 도시히데도 2008년 노벨 물리학상을 수상하여 스승과 제자가 노벨상을 수상하는 기쁨을 누렸다.

미국에서 1901년부터 1972년까지 72년간 노벨상 수상자 92명 가운데 48명이 노벨상 수상자를 스승으로 두었다. 이는 노벨상 수상자의 52%에 해당한다. 노벨상 수상자가 선배 노벨상 수상자로부터 특별한 사사를 받았다고 볼 수 있다. 노벨상을 수상하는데 학맥이 얼마나 중요한지를 알 수 있다.

미국 등에 비해 재정 및 인적자원이 부족한 상태에서는 일본의 도제식 시스템도 한번 검토해 볼 만한 가치가 있다. 유능한 교수가 연구실을 갖고 1-3명의 부교수, 1-3명의 조교수, 1-2명의 강사 그리고 석·박사과정 학생이 함께 한 분야를 집중 연구한다. 그리고 교수가 퇴임하면 후임 교수가 승진하여 연구실 전체를 물려받아 연구를 계속하여, 인적자원이 계속 이어지기 때문에 연구의 지속성이 확보되고, 자원 및 시간의 낭비가 없게 된다. 다만 연구실에서의 활발한 토론을 위해 수직적 연계성을 탈피해야 하는데, 이는 닐스 보어 연구실의 '코펜하겐 정신'을 사용하면 이러한 우려를 불식하고 우수한 연구 성과를 만들어 낼 수 있을 것으로 생각된다.

2021년 한국연구재단에서 발표한 '노벨 과학상의 핵심 연구와 수상 연령'에 의하면, 2011년과 2020년 사이에 노벨 과학상 수상자 중에서 핵심 연구 시작 연령이 최고령인 배리 배리시는 71세에 핵심 연구를 시작하여 '중력파 관찰에 대한 결정적 기여'의 공로로 2017년 노벨 물리학상을 공동 수상하였고, 존 굿이너프도 57세에 핵심 연구를 시작하여 '리튬-이온 전지 발견'의 공로로 97세에 2019년 노벨 화학상을 공동 수상하였다.[60]

따라서 정년을 넘긴 65세 이후에도 지속적으로 연구를 수행할 수 있는 시스템의 구축이 필요하고, 이를 위하여 학맥 및 도제 시스템의 정착이 필요한 이유이다.[37] 이는 일본의 노벨상 수상자 평균 연령이 74.7세이고 점점 고령화하고 있는 점을 고려하면 이러한 시스템의 정착과 활용이 더욱 필요하게 느껴진다.[61]

5. 기업의 개방성, 미래성 및 사회성

다나카 고이치가 근무하는 시마즈 제작소는 사원이 하고 싶은 연구를 할 수 있도록 배려하는 134년의 전통을 자랑하는 이화학 기계 제조업체이며, 미래로 연결될 수 있는 연구라면 회사도 권장하고 지원한다. 이는 시마즈 제작소의 사훈에서 알 수 있는 바와 같이 '사원 한 사람 한 사람의 창조성이 발휘되고, 자기 실현을 달성할 수 있으며, 회사에 공헌할 수 있는 직장을 유지하는데 노력한다.'라고 되어 있다. 이와 같이 창조성, 자기 실현 및 회사 기여를 강조하고 있다. 또한 시마즈 제작소는 '과학기술로 사회에 공헌한다.'를 사시로 채택하여 사원들이 사회에 이바지하는 사람이 될 것을 기대하고 있다.[88]

제5장

노벨 과학상 수상자가 한 명도 없는

한국의 현실

일본은 1868년 메이지 유신으로 근대국가의 모습을 빠르게 찾아
가고 있을 때 조선은 봉건제도의 모순이 나타나고 위기가 찾아왔
다. 조선의 국력은 점점 쇠퇴하고 조선을 둘러싸고 있는 청나라 및
일본은 조선을 침략할 명분을 찾기 위하여 혈안이 되고 있었다. 더
욱이 구미의 열강인 미국, 프랑스도 조선의 개항을 요구하고 있었
다. 이러한 어려운 시기에 대원군이 쇄국 정책을 시행함으로써 조
선의 운명이 풍전등화에 놓였다. 따라서 조선은 일본에 비하여 근
대화가 오랫동안 지연될 수 밖에 없었다.

1. 한국의 노벨상 수상자

한국은 김대중 대통령이 1987년부터 노벨 평화상 후보에 올랐으나 14번 탈락하고, 마침내 15번 만에 '한국과 동아시아 전반의 민주주의와 인권에 대한 공로 그리고 남북 화해와 평화에 대한 노력'의 공로로 2000년 노벨 평화상을 단독 수상하였다. 그의 수상 이유에는 한국의 민주화 운동, 남북 화해 분위기 조성 및 동아시아에서의 인권운동이 포함되어 있다. 특히 그가 APEC 등의 국제무대에서 동티모르의 학살을 막을 것을 건의해 이를 달성한 점도 높이 평가하였다.

이로부터 36년 후인 2024년 한강 작가가 '소년이 온다(소설)'의 공로로 2024년 노벨 문학상을 단독 수상하였다. 그녀의 수상 이유는 '역사적 트라우마에 맞서고 인간 삶의 연약함을 폭로하는 강렬한 시적 산문'를 발표하였다고 한다. 한국은 오랫동안 많은 작가들이 노벨상 수상자로 거론되었다. 최인훈, 박경리, 박완서, 이문열,

황석영, 서정주 및 고은 등이 노벨 문학상 수상자 후보에 올랐다. 아시아에서 일찍이 일본 3명, 중국 2명, 인도 1명 등이 노벨 문학상을 수상하였는데 한국의 노벨 문학상 수상은 늦은 감이 있다.

노벨 문학상은 5대륙에 있는 국가들을 배려하기 위하여 유럽, 미국, 아시아, 중남미, 아프리카, 중동 등의 순서대로 수상한다고 한다. 따라서 아시아 지역에는 10년마다 순서가 돌아온다고 한다. 그러나 이러한 사실은 확인된 바가 없어 소문에 불과하다. 그리고 알베르 카뮈가 '이방인(소설)'의 공로로 1957년 노벨 문학상을 단독 수상한 이후에 보통 60세 이상의 사람들이 노벨 문학상을 수상하였다. 그런데 한강 작가가 54세에 노벨 문학상을 수상하였다는 것이 경이롭다.

노벨 위원회의 기록에 수상자 중 출생지가 한국으로 기록되어 있는 '다른 분자와 결합할 수 있는 분자 개발'이라는 공로로 1987년 노벨 화학상을 공동 수상한 찰스 피더슨이 있다. 그는 1904년 아버지 포르투갈인, 어머니 일본인 사이에서 부산에서 출생하여, 8세에 일본으로 건너가 국제학교를 다니다, 18세에 미국 데이턴 대학교에 유학하였으며, MIT에서 박사학위를 받았다. 그리고 미국 국적을 취득하여 42년간 연구에 전념하다가, 1987년 노벨 화학상을 공동 수상하였다. 한국은 속인주의를 채택하고 있고 노벨위원회의 분류 기준에 따라 한국의 수상자로 기록되어 있으나, 부모가 외국인이고, 외국으로 유학을 간 후, 미국에서 국적을 취득하였다. 다만 출생한 곳이 한국일 뿐이라 한국인 수상자로 볼 수 없다.[19]

2. 아시아 국가의 노벨상 수상자

1. 중국+대만

아시아에서 일본을 제외하고 많은 노벨상 수상자를 배출한 나라
는 중국+대만이다. 수상분야 별로는 물리학상 4명, 화학상 1명, 생
리학·의학상 1명, 문학상 2명 및 평화상 1명으로 총 9명이다.

이들 중에서 양전닝과 리정다오는 '반전성 위배의 입증'이라는
공로로 1957년 노벨 물리학상을 공동 수상하였고, 리위안저는 '기
초 화학반응을 분석하기 위한 방법 개발'의 공로로 1986년 노벨 화
학상을 공동 수상하였다. 그리고 류사오보(Liu Xiaobo)는 '중국의
인권 신장을 위한 오랜 투쟁'의 공로로 2010년 노벨 평화상을 단독
수상하였으나, 중국 공산당 당국에 의해 감금되어 시상식에 참석
하지 못하여 스톡홀름 콘서트홀에 빈 의자만 놓여 있었다. 이들 외
에도 투유유(Tu Youyou)는 '말라리아에 대한 새로운 치료법 개발'
의 공로로 2015년 노벨 생리학·의학상을 공동 수상하였는데, 우

리들 주위에 흔한 쑥에서 아르테미시닌을 추출하여 말라리아 치료약으로 사용하였다고 한다. 부록 8에 중국+대만의 노벨상 수상자가 나타나 있다.

2. 인도

인도는 노벨상 수상자가 7명으로, 수상분야 별로는 물리학상 2명, 화학상 1명, 생리학 · 의학상 1명, 문학상 1명, 평화상 1명 및 경제학상 1명으로 노벨상 전 분야에서 수상하였다.

이들 중에서 찬드라세카라 라만(Chandrasekhara Raman)은 '빛 산란에 대한 연구, 라만 효과 발견'의 공로로 1930년 노벨 물리학상을 단독 수상하였다. 그리고 수브라마니안 찬드라세카르(Subramanyan Chandrasekher)는 '별의 생성과 스멸에 대한 이해에 공헌'의 공로로 1983년 노벨 물리학상을 공동 수상하였다. 찬드라세카라 라만은 현재 많은 과학자들이 사용하는 '라만 분광기'를 개발하는 데 많은 기여를 하였다. 그리고 GDP가 높지 않은 나라에서 별에 대한 연구를 하였다는 것이 놀랍다.

또한 인도의 빈곤 문제를 해결하기 위하여 아마르티아 센(Amartya Sen)은 '후생경제학에 대한 공헌'으로 1998년 노벨 경제학상을 아시아에서 최초로 단독 수상하였다. 그리고 라빈드라나트 타고르(Rabindranath Tagore)는 '기탄잘리(시)'의 공로로 1913년 노벨 문학상을 수상하였고, 테레사 수녀(Mother Teresa)는 '사랑의 선교회 설립, 빈민 구호활동'의 공로로 1978년 노벨 평화상을 수상하였다. 부록 9에 일본 · 중국 · 대만을 제외한 아시아 국가의 노벨상 수상자가 나타나 있다.

3. 기타

일본, 중국+대만 및 인도 이외에 아시아에서 동티모르는 노벨상 수상자가 2명으로 모두 평화상을 수상하였다. 마찬가지로 방글라데시도 노벨상 수상자가 2명이며 모두 평화상을 수상하였다. 파기스탄은 노벨상 수상자가 2명이며, 수상분야 별로는 물리학상 1명 및 평화상 1명이다. 이중에서 압두스 살람(Abdus Salam)은 '전자기력과 원자 구성 입자의 약한 상호 작용 간에 추론 확립'이라는 공로로 1979년 노벨 물리학상을 공동 수상하였다. 파기스탄에서 원자 구성 입자의 상호작용에 대하여 연구를 수행하여 노벨 물리학상을 수상하였다는 것이 놀랍다. 말랄라 유사프자이(Malala Yousafzai)는 이미 살펴본 바와 같이 2014년 노벨 평화상을 카일라시 사티아르티와 공동 수상하였다.

방글라데시의 경제학자 무하마드 유누스(Muhammad Yunus)와 그라민 은행(Grameen Bank)은 '마이크로 크레디트 은행과 그 창시자가 극빈층과 여성의 사회적 기회를 확대함'이라는 공로로 2006년 노벨 평화상을 공동 수상하였다. 그들은 전 세계 극빈자들에게 돈을 빌려주는 그라민 은행을 설립했다. 이 은행은 조그만 사업을 시작하려는 농촌의 개인사업자들에게 30달러나 50달러 정도를 빌려준다. 이는 상식적으로 상상이 안되는 일이다. 그러나 그라민 은행은 대출자에게 담보를 요구하는 대신 지역사회에서 공동 서명인을 모집해 상환 보증을 하도록 했다. 2005년 그라민 은행이 430만 명에게 소액 대출 해준 금액은 470억 달러에 이른다. 대출은 대부분 성공적으로 사업을 이끌고 대출금 상환을 잘하는 여성들에게 이루어졌다. 이는 소액 금융이 사회에 필요하며 대출에 문제가 발생하지 않아 다른 지방이나 나라로 계속 확장될 것이다.

미얀마, 북베트남 및 티베트는 모두 노벨 수상자가 1명이며 모두 평화상을 수상하였다. 노벨상에도 점점 패권국 및 선점국의 마태효과(Matthew Effect)가 가속화되고 있다고 생각된다. 여기에서 마태효과란 신약성서 마태복음 13장 12절과 25장 29절을 보면 '무릇 있는 자는 더욱 받아 풍족하게 되고, 없는 자는 있는 것까지도 빼앗기리라.'라는 구절을 인용하여, 부자는 더욱 부유해지고 빈자는 더욱 가난해진다는 '부익부 빈익빈' 현상을 말한다.

3. GDP 대비 연구개발비 및 기초연구비 비중

1. GDP 대비 연구개발비 비중

세계 각국의 국내총생산 대비 연구개발비 비중이 2000년부터 2021년까지 그림 5.1에 나타나 있다. 이에 의하면 미국, 일본 및 OECD27 국가들은 약간의 부침은 있으나 일정한 수준을 유지하고 있는 반면에, 한국은 2000년부터 2021년까지 가파르게 상승하고 있다. 이는 한국이 2000-2021년 사이에 연구개발 투자를 늘렸기 때문이다.[92-93]

2021년도 국내총생산 대비 연구개발비 비중은 이스라엘 5.6%, 한국 4.93%, 미국 3.46%, 일본 3.30%, OECD27 2.71% 및 중국 2.14%로 한국이 세계 2위이다. 한국은 이의 비율을 2000년 2.13%, 2005년 2.52%, 2010년 3.32%, 2015년 3.98% 및 2020년 4.80%로 GDP 대비 연구개발비 비중이 가파르게 상승하여 왔다.

세계 각국의 연구개발비 총액수를 비교하면 그림 5.2에 나타난

바와 같이, 미국 및 중국은 2000년부터 2021년까지 비약적으로 상
승하고, EU27은 완만하게 상승하였다. 반면에 일본, 독일 및 한국
은 약간 상승하였다.

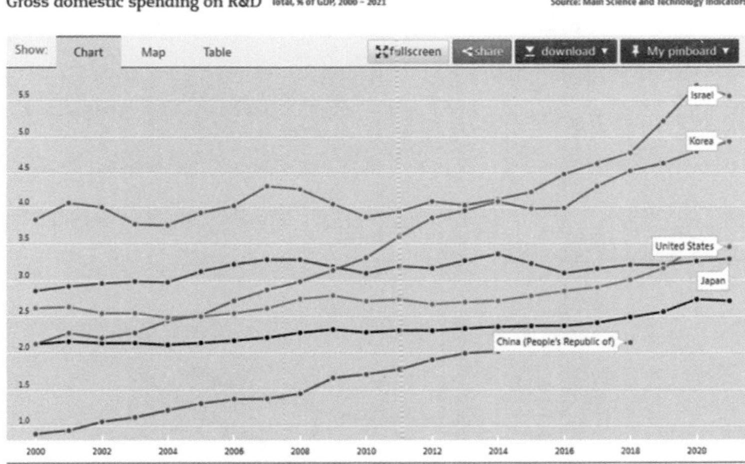

그림 5.1 세계 각국의 국내총생산 대비 연구개발비 비중.

그림 5.2로부터 2021년의 세계 각국의 연구개발비 총액수를 살
펴보면, 미국 7,097억불, 중국 4,647억불, EU27 3,975억불, 일본
1,720억불, 독일 1,290억불, 한국 1,101억불 그리고 프랑스 709억불
로, 한국이 세계 6위의 연구개발비를 사용하였다. 그런데 2000년에
는 연구개발비가 일본은 1,333억불인데 비하여 한국은 223억불로
일본의 17%도 안 되었는데, 한국이 연구개발비를 대폭 늘려 2021
년에 일본의 64%까지 접근하였다.

2. GDP 대비 기초연구비 비중

정부의 연구개발비 중에서 기초연구에 투자되는 액수는 너무 빈약하여, 2023년 한국 정부의 전체 연구개발비는 30조 7,000억인데 이중에서 6.7%인 2조 629억원이 기초연구에 투자되었다.[94] 2016년 기초연구비 비중인 6.0% 보다는 약간 높다는 것에 위안을 삼는다. 정부의 연구개발비에서 정부 · 공공과 민간 · 외국의 비율은 24대 76으로 민간기업의 비중이 정부의 비중에 비하여 3배 정도 높다.

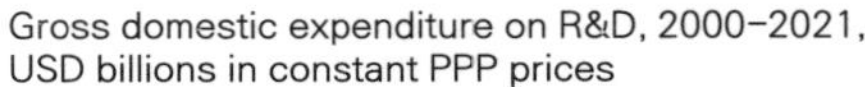

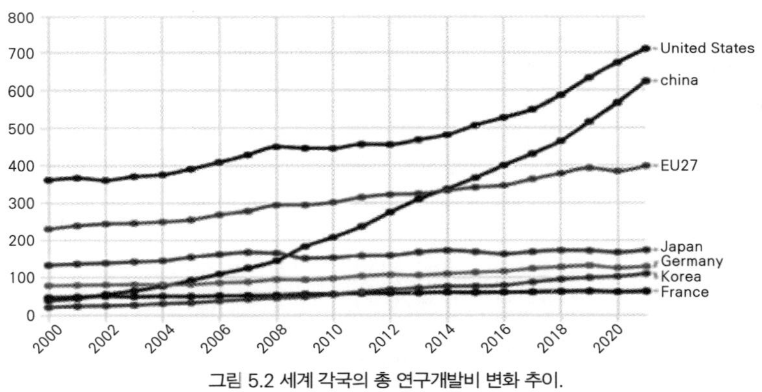

그림 5.2 세계 각국의 총 연구개발비 변화 추이.

지금까지 정부의 연구개발비는 예산의 50%를 경제발전에 도움이 되는 연구에 집중하는 '패스트 팔로워(Fast Follower)'모델을 따라 가고 있고 '퍼스트 무버(First Mover)'의 역할은 엄두도 내지 못하고 있다. 미국은 2016년 당시에 정부 연구개발비의 47%를 기초연구에 투입하고 있어 많은 노벨상 수상자를 배출하고 있다. 더욱이 연구과제도 과학자가 스스로 결정하는 상향식 지원제도가 정착

되어 있다. 또한 일본과 영국도 연구개발비의 30%를 정부가 구체적인 항목을 지정하지 않고, 대학에 블록 펀딩 형태로 지원하는 방식을 채택하고 있다.

그림 5.3에 한국과 일본의 과학기술 분야별 1981년부터 2012년까지 투자액 변화 추이가 도시되어 있다.[84] 이에 따르면 일본은 기초연구비가 1981년부터 2012년까지 한국에 비해 몇 배가 될 정도로 월등히 많은데, 일본의 그래프 아래 짙은 검은색 부분인 기초연구비가 1981년부터 2012년까지 계속 증가하였으나, 1995년 이후에는 어느 정도 일정한 수준을 유지한 반면에, 한국은 1981년부터 1995년 사이에는 기초연구비가 아주 미미하다가 1995년부터 약간 증가하였다.

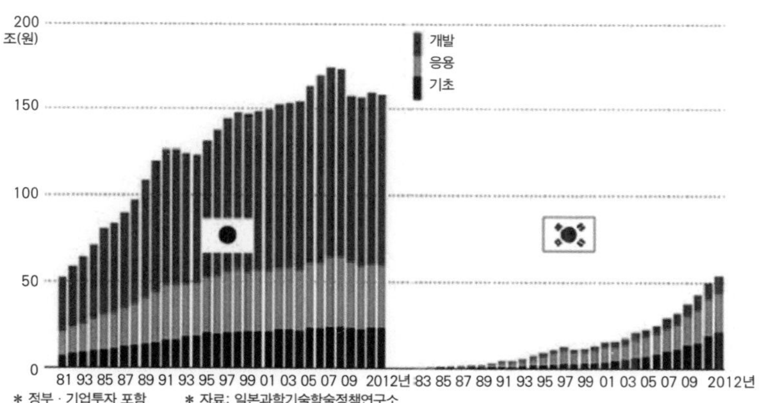

그림 5.3 한 · 일 과학기술 분야별 투자액 변화 추이.

그런데 한국은 기초연구비에서 정부 출연 연구기관 지원, 복합 활동 사업 및 국립 대학교 교원 인건비를 지급하고 나면, 순수한 기초연구비는 초기 연구비의 47%가 된다는 점을 상기해야 한다.[94-95] 기초, 응용 및 개발을 포함한 총 연구개발 투자비는 그림 5.3의 막대 그래프의 높이가 나타내는 바와 같이 일본이 한국보다 훨씬 많다. 예를 들어 2012년 일본의 총 연구개발 투자비는 한국의 3배 정도가 된다.

이러한 사실은 한국과학기술기획평가원(KISTEP)에서 2014년 한중일 3국의 총 연구개발비를 분석한 자료에 의하면, 한국 605억 2,800만불 그리고 일본 1,649억 2,000만불로 일본의 총 연구개발비가 한국보다 2.72배 많은 것을 알 수 있다.

4. 최초의 발견을 위한 창의성 개발

1. 한국이 노벨상을 수상하지 못하는 네이처의 5가지 이유

한국인이 노벨상을 수상하지 못하는 이유로 2016년 네이처(Na-ture)는 5가지를 뽑았다.[96-103]

첫째, 한국이 과학 연구의 필요성을 가슴으로 깨달으려 하기 보다는 돈으로 승부를 보려 한다.

둘째, 국내총생산 대비 연구개발 투자 비중은 세계 1위이나 노벨상 수상자는 한 명도 없다.

셋째, 연구개발비는 대부분 기업에서 나오며 기업의 투자는 응용 분야에 국한돼 있어 특허출원은 많아도 기초과학 발전에는 도움이 안 된다.

넷째, 시류에 흔들리는 한국의 과학기술 정책 또한 큰 문제점으로 생각되고 있다.

다섯째, 이러한 한계 때문에 한국의 많은 연구 인력이 해외로 유
출되고 있다.

한국은 일본에 비하여 근대화가 50-60년 늦어졌고, 일본의 식민
지와 6·25 전쟁으로 인적·물적으로 많은 피해를 입었는데도 불
구하고, 이런 폐허를 딛고 짧은 시간에 국가를 발전시키기 위하여
는 검증된 기술을 응용하는 '패스트 팔로워' 전략을 채택해 경제력
및 기술력 측면에서 선진국을 따라 잡았지만, 기초과학 및 원천기
술을 확보할 수 없었다.

네이처가 지적한 시류에 흔들리는 과학기술 정책은 큰 문제점으
로 생각된다. 2016년 3월에 구글 딥마인드의 인공지능 '알파고'와
이세돌 프로 9단의 바둑 대결 직후에 박근혜 대통령이 2020년까지
1조 원을 투자하겠다는 계획을 발표하였다. 인공지능이 미래라며
바로 이 분야에 대한 투자를 늘리겠다는 '주먹구구식 대응'은 국민
의 혈세를 낭비하고 국가의 산업을 왜곡시키는 발상이다.

그러나 한강의 기적을 이룬 여력을 이용하여 기초과학 및 원천
기술 확보에 집중하고 있으며 가시적인 결과도 나타나고 있다. 그
러나 노벨상에는 경제와 같은 '압축성장'이 통할 수 없으므로 '축
적의 시간'이 필요하며, 기초과학에 투자를 늘리고, 연구비의 낭비
를 막고, 과학에 대한 호기심을 높이고, 과학으로부터 즐거움을 찾
고, 한국인의 창의성을 높일 수 있도록 교육제도를 개편하고, 한국
이 잘 할 수 있는 분야에 선택과 집중을 하면 멀지 않은 시기에 노
벨 과학상을 수상할 수 있을 것으로 기대된다.

2. 앨빈 토플러의 21세기 한국의 비전

세계적인 석학 앨빈 토플러(Alvin Toffler)가 2001년 김대중 대통령에게 제출한 '위기를 넘어서: 21세기 한국의 비전' 보고서에서, '한국은 지금 선택의 기로에 서있다. 저임금 경제를 바탕으로 하는 종속 국가로 남을 것인가 아니면 경쟁력을 확보하고 세계 경제에서 주도적인 역할을 수행하는 선도 국가가 될 것인가에 관한 문제다. 한국의 교육제도는 반복 작업 하의 굴뚝경제 체제에 기초한 형태로 발전되고 학생들을 교육시켜 왔다. 한국 교육은 학생들이 21세기에 맞는 24시간 유연한 작업체계보다는 사라져가는 산업 체제의 시스템에 알맞도록 짜여진 어긋난 교육시스템을 고수하고 있다. 21세기 교육시스템은 학생들이 어느 곳에서나 혁신적이고 독립적으로 생각할 수 있는 능력을 배양해 새로운 환경에 적응할 수 있도록 길러줘야 한다. 한국 교육체계의 변화는 '교육공장'들을 보다 효율적으로 운영하는 것에 머물러서는 안 되며, 교과과정에서부터 교육 시간과 장소에 이르기까지 보다 본질적인 문제를 다뤄야 한다.'라고 질타하였다.[104]

3. 한국의 교육에서 창의력을 개발

노벨상은 최초의 아이디어를 낸 사람에게 수여하지 원리에 바탕을 둔 응용이나 개발에 기여를 한 사람에게 주어지지 않는다. 따라서 노벨 과학상은 첫 발견을 하여 인류의 문명 발달에 기여한 사람에게 주어지는 상으로, 창의력이 가장 중요한 요소인데, 우리의 교육은 창의력을 키울 수 없는 주입식 교육으로 운영되고 있다. 주입식 교육은 교사가 중심이 되어 교과서에 따라 학생의 흥미, 이해, 적성 및 특기 등은 전혀 고려하지 않고 일방적으로 지식을 주입시 키는 것이다.

이러한 주입식 교육의 가장 큰 폐해는 '생각의 틀이 고정되어 버려 창의성이 사라진다.'는 것이며, 특히 창의성이 형성되는 중요한 초·중·고 시기에 입시교육에 맞춰 무조건 외우고, 이를 이용하여 사지선다형의 정답을 찾아가는 교육 환경에서 자란 학생은 질문을 하지 않으며 이를 궁금해 하지도 않는다. 어떤 문제에 대하여 계속 질문하면서 생각을 해야 되는데, 정답만을 생각하고, 이를 암기한 후에는 더 이상 이에 대하여 생각하지 않는다.

한국의 학생들이 창의성을 개발할 수 없게 만든 것은 교육제도의 영향이 크다. 1968년 일본의 고교평준화에 이어 한국이 1974년 교육 균형발전의 목표를 가지고 고교평준화 정책을 시행한 때문이다. 그러나 일본은 고교평준화 정책의 실패를 인정하고 주입식 및 암기식 교육에 대폭적인 교육개혁을 단행했다. 단순히 수능 시험 과목을 바꾸는 것이 아니라 대학 입시는 물론이고 초·중·고 교육과정을 전반적으로 뜯어 고치는 '교육유신'을 단행했다.

다시 말해 일본은 2020년부터 우리의 수능과 비슷한 '대학센타시험'을 폐지하고, '대학입학공통시험'을 도입했다. 대학센타시험은 지식 자체를 묻는 객관식 시험이었지만, 대학입학공통시험은 지식 활용 능력을 측정하는 사고력 묻는 서술형 문제를 출제한다. 대학입학공통시험 후 희망하는 대학에서 치르는 2차 시험(대학별고사)은 논술, 에세이 및 프레젠테이션 등 다양한 시험 유형을 활용

한다.[105]

　창의성을 개발할 수 있는 교육 시스템을 정착하기 위하여는 교육제도를 개혁해야 한다. 사지 선다의 객관식 시험을 단답형 및 서술형 시험으로 바꾸고 이를 대학입시에서 과감하게 반영해야 한다. 수업은 학생과 교사 사이에 질문을 하고 대답을 반복하는 토론식 수업으로 바뀌어야 한다.

4. 이스라엘의 하브루타 교육의 시도

　질문과 토론의 일상화가 이스라엘 창의교육의 핵심이다. 이스라엘에서 두 명이 짝을 지어 끊임없이 질문하고 대답하며 토론하는 '하브루타(Havruta)'도 한국에서 시도해 볼 수 있다. 왜냐하면 창의성 개발에 당연한 것이라고 여겨지는 것을 무조건 부정해 보고 뒤집어서 생각해 보라는 것이다. 그리고 주제에 대한 연구를 충분히 한 다음에 반대편 주제에 대하여도 폭 넓은 탐구를 해본다. 즉 색 차트의 반대편 색을 더하면 다른 색이 된다는 사실을 명심해야 한다. 아무리 생각을 해도 새로운 아이디어가 떠오르지 않는 것은 뇌 속에서 같은 연결만 반복하고 있기 때문에 이를 깨야한다. 현재의 생각을 멈추고 사우나를 하든지 힘든 운동을 하든지 수면을 취한다. 현재의 생각을 멈추고 어느 정도 시간이 지나면 뇌 속에서 새로이 벌어지는 일들을 받아들인다. 순간적이고 파편적인 생각들을 연결시키고 현실화시키는 습관을 가질 때 창의성은 발전한다.

　유대인은 미국 인구의 0.3% 밖에 되지 않으나 노벨상 수상자 중에는 유대인이 25.0% 된다는 사실이 '하브루타'교육의 효과가 나타났다고 생각된다. 이를 전 세계적으로 넓혀 보아도 유대인의 인구는 0.2% 밖에 안 되는데 노벨상 수상자는 전체의 22.0%에 해당하여 비슷한 비율이다.

이에 대하여 이스라엘 창의교육 전문가인 헤츠키 아리에리(Hezki Arieli)는 '한국에서 아이들이 밤늦게까지 주입식 공부로 스트레스를 받으면, 행복하지 않게 되고, 행복하지 않은 아이는 호기심이 사라져, 결코 창의적이 될 수 없다. 창의성은 당장 가르칠 수 있는 기술이 아니고, 아이에게 환경을 조성하고 아이들에게 자유를 줘야 키울 수 있다. 따라서 저녁식사 시간 이후에는 이유 여하를 불문하고 학교 및 학원 등에서 일체의 방과 수업을 금지해야 된다. 이렇게 해야 아이들에게 생각할 수 있는 시간을 주어 창의성이 번성할 수 있게 된다. 4차 산업혁명 시대에는 학생들이 자기만의 지식을 만들어 내고, 새로운 환경에 적응하는 능력을 갖추어야 되는데, 한국은 미래를 준비해야 할 학생들에게 과거 방식으로 교육하고 있다.'라고 질타하였다. 이는 창의성을 개발하는데 한국의 교육제도가 커다란 장애물이 되고 있다는 것을 지적하였다.[106]

미국 남가주대의 조이 길퍼드(Joy Guilford) 교수는 창의성의 인자로 유창성, 융통성, 독창성, 정교성 및 개방성의 5가지를 들고 있다. 우리가 생각을 한다는 것은 신경세포 다발이 네트워크를 이뤄 연결이 되는 것을 의미하며, 창의성은 신경세포가 어떻게 연결되느냐의 결과물이다. 창의성이 낮으면 신경세포의 연결이 상식적인 선에서 이루어진다는 것을 의미하고, 창의성이 뛰어난 사람은 전혀 예상하지 못한 선에서 신경세포의 네트워크가 이루어진다.[107]

5. 노벨 과학상 수상의 문제점 및 대책

한국연구재단에서 2016년 기초과학 분야의 핵심 연구자(Riview Board) 144명을 대상으로 행한 노벨 과학상 인식에 대한 설문조사에서, 한국 최초의 노벨 과학상 수상이 예상되는 시점까지의 소요 기간은 그림 5.4에서 볼 수 있는 바와 같이 5년 이내(6%), 6-10년(27%), 11-15년(23%), 16-20년(22%) 및 21-25년(10%) 등으로 나타났으며, 결과적으로 20년 이내에 느벨상을 수상할 것이라고 응답한 사람이 전체의 78%에 달한다. 그러나 30년이 초과할 것이라고 응답한 사람도 8%로 나타났다. 그림 5.4에서 막대그래프 위에 있는 숫자는 %가 아니고 사람 수를 표시한다.[108]

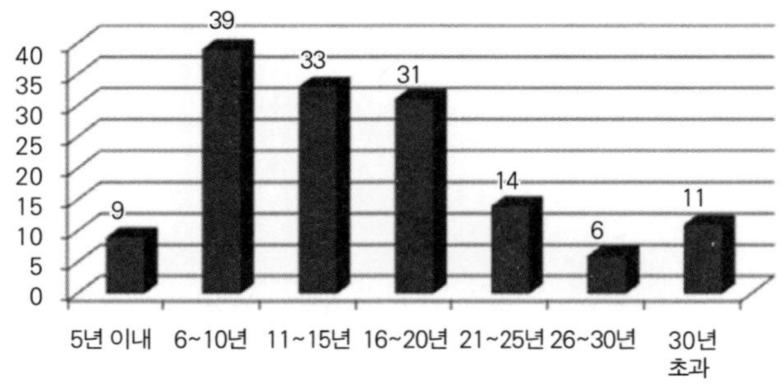

그림 5.4. 한국 최초의 노벨 과학상 수상 예상 소요 기간.

1. 호기심을 키우고 과학으로부터 즐거움을 찾음

노벨 과학상 수상자들이 연구에서는 호기심이 가장 중요하다고 이구동성으로 이야기 한다. 그들의 이야기를 자세히 살펴보기로 한다.[109]

(1) 어빙 랭무어의 실례

1932년 '표면화학에서의 발견과 연구: 랭뮤어 흡착등온선'의 공로로 노벨 화학상을 수상한 어비 랭뮤어(Irving Langmuir)는 '미국 뉴욕 브루클린에서 태어나 어릴 때에 자연에 대한 호기심으로 관찰과 분석을 시작하였다.'라고 언급하였다. 그는 GE의 연구실에서 금속 표면의 단분자층 흡착이라는 개념을 도입해 흡착등온식을 개발하였다. 단분자층 흡착은 많은 분야에서 화학 반응속도를 획기적으로 증가시키는 촉매의 개발에 기여하여 수많은 화학물질을 합성하여 인류의 발달과 번영에 지대한 공헌을 하였다.

(2) 다나카 고이치의 실례

이미 언급한 바와 같이 다나카 고이치는 세계 최초의 학사 출신으로 '생물학적 거대분자의 질량분석을 위한 연성 탈착 이온화 방법의 개발'의 공로로 존 펜과 함께 2002년 노벨 화학상을 공동 수상하였다. 그에게 노벨 화학상을 결정적으로 안겨 준 것은 우연히 발생한 실수에서 시작되었으며, 그는 이러한 실수를 놓치지 않고 이를 기회로 이용하였다. 그는 잡지사와의 인터뷰에서 '무엇이 노벨상을 받는데 가장 중요한 가치인가요?'라고 묻는 기자의 질문에 그는 '호기심이예요. 최초에는 호기심만으로 연구를 시작했죠. 그리고 연구가 재미있고 이것이 세상에 도움이 된다는 것을 생각하면 힘이 생겼죠. 중요한 것은 호기심을 계속 갖고 내가 밝혀내지 않은 뭔가를 해명함으로써 사회에 크게 도움이 될 수 있다면 하는 생각을 하는 거죠.'라고 대답하였다.

(3) 쿠르트 뷔트리히의 실례

2002년 '생물학적 고분자의 3차원 구조를 결정하기 위한 핵자기 공명 분광법의 개발'이라는 공로로 노벨 화학상을 공동 수상한 쿠르트 뷔트리히는 '과학은 재미있다.'라는 마음부터 가져야 한다고 주장하였다. 그리고 그는 '한 가지 문제점을 해결하기 위해 1968년부터 1991년까지 23년 넘게 고민했다. 실험의 실패를 거의 무한대에 가깝게 반복하고 나서야 실마리를 찾아낼 수 있었다. 즐겼기 때문에 그 긴 시간을 버텼을 수 있었다.'라고 술회하였다.

(4) 난부 요이치로의 실례

2008년 'CP 대칭 깨짐 원리 발견'의 공로로 고바야시 마코토 및 마스카와 도시히데와 함께 노벨 물리학상을 공동 수상한 난부 요이치로는 '물리학의 묘미는 퍼즐과 같은 수수께끼를 푸는 재미이며, 일본 초등학교 과학 시간이 가장 흥미를 느낀 시간이었다.'라고 회고했다.

(5) 혼조 다스쿠의 실례

2018년 '음성적 면역 조절 억제를 통한 암 치료법 발견'의 공로로 제임스 앨리슨과 함께 노벨 생리학·의학상을 공동 수상한 혼조 다스쿠 교수도 '연구는 무언가를 알고 싶어 하는 호기심이 없으면 안 된다.'라고 연구에서 호기심의 중요성을 강조하였다.

(6) 요시노 아키라의 실례

현재 많은 각광을 받고 있는 '리튬-이온 배터리 개발'의 공로로 존 굿이너프 및 스탠리 휘팅엄과 함께 2019년 노벨 화학상을 공동 수상한 요시노 아키라는 '연구의 묘미는 실험이다. 특히 상상 외의 결과가 나올 때는 재미있다.'라고 연구의 즐거움을 언급했다.

노벨 과학상 수상자들은 연구에서 호기심이 가장 중요하고, 이것이 없으면 안 된다고 일관되게 주장하고 있고, 연구 과정에서는 실험의 묘미를 느꼈다고 술회하였다.

한국의 초·중·고 학생들, 특히 초등학교 학생들이 손을 움직여 실험을 하고, 눈으로 이의 변화를 보고 체험할 수 있는 기회가 많아져야, 학생들이 과학에 흥미를 갖게 되고, 이것이 성장하여 노벨 과학상으로 연결될 수 있다. 학생들이 재미있는 과학 현상에 호기심을 가지고, 교과서에서 정답을 구하는 것이 아니라 스스로 생각하고, 자신의 손을 움직여서 결과를 확인하는 과정에서 즐거움을 찾고, 자유로운 사고를 할 수 있게 되어야 한다. 학생들이 항상 '왜 그렇게 되지?'하고 의문을 제기하고 정답을 직접 찾는 습관을 배양해야 된다.

2000년대 까지도 한국의 초·중·고에서 과학 시간에 실제 실험 도구를 이용해 실험하는 기회가 많지 않았다면, 이제부터라도 과학 시간에 실험을 할 수 있는 시설이 못 되는 학교들은 5-10개 학교가 하나의 클러스트(Cluster)를 구성하여, 가장 우수한 시설을 갖춘 정부의 과학 지정학교에서 충분한 실험을 수행할 수 있도록, 국가가 계획을 수립하여 재정지원과 함께 우수한 과학 실험 시설을 구비해야 한다.

2. 노벨상을 위한 기초연구비 인상

2021년 각국의 연구개발비는 미국 7,097억불, 중국 4,647억불 및 일본 1,720억불로 한국의 1,101억불에 비하여 미국은 6.5배, 중국은 4.2배 및 일본은 1.5배가 많다.

그리고 2023년 한국 정부의 연구개발비는 30조 7,000억원이며, 이중에서 6.7%인 2조 629억이 기초연구비이다. 미국은 이미 2016년에 정부 연구개발비의 47%를 기초연구에 투자하여 많은 노벨 수상자를 배출하고 있다.[99]

그림 4.2에서 이미 살펴본 바와 같이 2018년 일본의 과연비는 2조 2,860억원인 반면에, 한국의 기초연구비는 2조 5,200억원이나 정부 출연연구기관 지원 등을 제외하면 순수 연구개발비는 1조 1,844억원에 해당된다. 따라서 양국의 기초연구비는 1조 1,016억원의 차이가 있는데, 한국이 노벨 과학상 수상자를 배출하기 위하여는 한국 정부의 기초 연구비를 일본 수준 혹은 이의 2-3배로 대폭적인 인상이 불가피하다.

3. 연구비 단일화, 선택화 및 집중화

일본은 과연비 그리고 미국은 NSF 연구비에서 그 나라의 기초 연구비의 대부분을 지원하여, 국가가 필요하다고 인정되는 분야를 선택하여 융통성있게 집중적으로 육성할 수 있다. 여기에서 NSF(National Science Foudation)는 미국의 국립과학재단이며, 한국의 NRF(National Research Foudation)는 한국연구재단으로 이들은 매우 유사하다.

한국에서는 총 연구개발비를 기초연구, 원천연구, 사업화, 인력양성 및 기반조성의 이름으로 세분화하여 영역을 구분하고 연구비가 배정되어, 국가가 필요한 분야를 선택하여 집중적으로 육성할 수 없다. 더욱이 기초연구에서도 개인 연구, 집단 연구 및 기초연구 기반 구축으로 세분화하여 영역을 구분하고 있으며, 개인 연구는 다시 우수 연구(리더 연구, 중견 연구, 신진 연구, 한우물 파기 기초연구) 및 생애 기본 연구(재도약 연구, 기본 연구, 생애 첫 연구) 등으로 세분화되어 영역을 구분하여 융통성과 유연성이 부족하다.

이렇게 방대하고 복잡하게 세분화하여 영역을 구분하고, 국가의 연구개발이 융통성과 유연성을 가지고 효율적으로 수행될 수 있을지 의심스럽다. 연구자도 각각의 부문에서 정확하게 무슨 연구를 수행하는지 알 수 없어 여기저기 연구계획서를 제출하느라 일년 내내 동분서주할 것이다. 이를 일본의 과연비나 미국의 NSF 연구비같이 단일화하여 연구자의 우수한 연구를 지원하고 제한된 자원과 인력을 최대한으로 활용할 수 있도록 선택과 집중도 해야 한다.

4. 노벨상 급 연구 거점 클러스트 개발

이미 앞의 '스승과 제자의 노벨상 수상 기록'에서 살펴본 바와 같이, 1938년 노벨 물리학상 수상자인 엔리코 페르미는 제자 6명, 1939년 노벨 물리학상 수상자인 어니스트 로렌스는 제자 4명, 1922년 노벨 물리학상 수상자인 닐스 보어도 제자 4명 그리고 2020년 노벨 경제학상 수상자인 로버트 윌슨은 제자 3명이 노벨상을 수상할 수 있도록 훌륭하게 교육시키고 지도하였다.

일본의 경우에도 1949년 노벨 물리학상을 수상한 유카와 히데키는 자신의 제자인 사카타 쇼이치가 길러낸 고바야시 마코트 및 마스카와 도시히데가 노벨 물리학상을 격세 수상 하였고, 1965년 노벨 물리학상을 수상한 도모나카 신이치로의 제자인 마스카와 도시히데가 노벨 물리학상을 수상하였으며 그리고 2014년 노벨 물리학상을 수상한 아카사키 이사무의 제자인 아마노 히로시도 노벨 물리학상을 수상하였다.

이미 앞에서 언급된 바와 같이 노벨 수상자를 제일 많이 배출한 미국에서 1901년부터 1972년까지 72년간 노벨상 수상자 92명 가운데 48명이 노벨상 수상자를 스승으로 두었다. 이는 노벨상 수상자의 52%에 해당한다. 노벨상 수상자가 선배 노벨상 수상자로부터 특별한 사사를 받았다고 볼 수 있다. 더욱이 이들 48명은 총 71명의 노벨상 수상자 밑에서 연구하였다. 따라서 평균적으로 노벨상 수상자 1명이 1.47명의 노벨상 수상자 밑에서 연구하였다. 스승과 제자로 이어지는 학맥이 노벨상 수상에 얼마나 중요한지를 보여주는 실례이다.

한국연구재단이 2021년에 발간한 '노벨 과학상의 핵심 연구와 수상 연령'에 의하면, 2011년부터 2020년까지 노벨 과학상 수상자 79명에게 문의한 결과, 핵심 연구 시작 시기는 평균 37.9세, 연구 기간은 평균 31.9년이 소요되고, 노벨상 수상은 평균 69.2세에 이른다고 한다. 여기에서 설문에 대답해 준 수상자 79명은 물리학상 수상자 27명, 화학상 수상자 26명 및 생리학·의학 수상자 26명으로 고르게 구성되어 있다.[60-61]

노벨상 수상 평균 연령 69.2세는 일본의 노벨상 수상 평균 연령인 74.7세와 거의 유사하다. 그런데 2017년 노벨 물리학상을 수상한 배리 배리시는 71세 그리고 2019년 노벨 화학상을 수상한 존 굿이너프는 57세에 핵심 연구를 시작한 점을 생각하면, 65세에 정년 퇴직하고도 연구를 계속하여 노벨 과학상을 수상할 수 있는 시스템의 정착이 필요하다. 최연장 노벨상 수상자에서 살펴 본 바와 같이 65세 이후에 연구를 계속하여 87-97세에도 13명이 노벨상을 수상하였다. 일본에서는 국립대에서 65세에 정년퇴임하고 사립대로 옮겨 10-15년 동안 연구를 계속할 수도 있다고 한다.

미국 등에 비하여 재정 및 인력자원이 부족한 상태에서는, 학맥과 도제 시스템을 결합한 노벨상 급 연구 거점 클러스터(Cluster)가 노벨상을 수상하기 위한 바람직한 방법이다. 즉, 어느 한 도시에 위치한 노벨상 도전의 능력을 갖춘 유능한 교수의 거점대학을 중심으로, 같은 도시 내에 위치한 몇 개 대학의 부교수, 조교수, 전임강사, 박사 및 석사과정 대학원생이 한 분야를 집중 연구하는 클러스트를 형성한다. 그리고 연구실에서는 '코펜하겐'정신으로 활발하게 연구하고 토론하면 노벨 과학상에 도달할 수 있을 것으로 사려된다.

5. 창의성 개발을 위한 교육시스템 개편

창의성을 개발할 수 있는 교육 시스템을 정착하기 위하여는 먼저 교육제도를 개혁해야 한다. 사지 선다의 객관식 시험은 단답형 및 서술형 시험으로 바꾸고 이를 대학 시험에 과감하게 도입해야 하며 그렇게 함으로써 자유롭게 생각하여 자신만의 지식을 가질 수 있다.

수업은 주입식 교육에서 탈피하여 학생과 교사 사이에 질문을 하고 대답을 반복하는 토론식 수업으로 바뀌어야 한다. 질문과 토론의 일상화가 이스라엘 창의교육의 핵심이며, 이스라엘에서 두 명이 짝을 지어 끊임없이 질문하고 대답하며 토론하는 '하브루타'도 시도해 볼 수 있다.

왜냐하면 창의성 개발에 당연한 것이라고 여겨지는 것을 무조건 부정해본다. 뒤집어서 생각해 보라는 것이다. 또한 주제에 대한 연구를 충분히 한 후에 반대편 주제에 대하여도 폭 넓은 탐구를 한다. 그리고 생각을 해도 새로운 아이디어가 떠오르지 않는 것은 뇌 속에서 같은 연결만 반복하고 있기 때문이며 이를 깨야한다. 그러므로 순간적이고 파편적인 생각들을 연결시키고 현실화시키는 습관을 가질 때 창의성은 발전한다.

6. 사지 선다 대학입시를 단답형 및 서술형으로 전환

창의성을 개발할 수 있는 교육 시스템을 정착하기 위하여 사지 선다의 객관식 시험을 단답형 및 서술형 시험으로 바꾸고 이를 대학입시에서 과감하게 반영해야 한다. 또한 수업은 학생과 교사 사이에 질문을 하고 대답을 반복하는 토론식 수업으로 바뀌어야 한다.

7. 노벨 과학상 급 역량을 갖춘 선구자의 헌신

일본은 야마카와 겐지로가 미국 예일대학에서 일본 최초의 물리학 박사가 된 다음에 귀국하여, 제자 나카오카 한타로를 오스트리아 루트비히 볼츠만 교수에게, 나카오카 한타로는 제자 니시나 요시오를 영국의 어니스트 러더포드 교수 및 덴마크의 닐스 보어 교수에게 유학을 보냈다. 니시나 요시오는 외국 유학 경험이 없는 제자 유카와 히데키 및 도모나가 신이치로를 위하여 닐스 보어 연구실에서 만난 세계적인 학자인 베르너 하이젠베르크, 폴 디랙 등을 초청하여 이들과 만나도록 주선하였다. 이는 젊은 유카와 히데키 및 도모나가 신이치로에게 큰 자극이 되었다. 이를 계기로 유카와 히데키 및 도모나가 신이치로가 일본에서 1, 2위의 노벨 과학상 수상자가 되었다.

클래리베이트 애널리틱스(Clarivate Analytics)가 2014년 한국과학기술원 유룡 교수, 2017년 성균관대 박남규 교수, 2018년 울산과학기술원 로드니 루오프 교수 그리고 2020년 서울대 현택환 교수 등을 노벨 과학상 수상자로 유력하다고 예측하였으나 실현되지는 않았다. 노벨 과학상 수상이 말로써 형언할 수 없는 험난한 과정이기 때문에 이들이 선구자적 역할을 하여 많은 노벨 과학상 수상자가 배출되기를 기대한다.

8. 북유럽 국가와 과학기술 교류 네트워크 형성

니시나 요시오는 덴마크 코펜하겐의 닐스 보어 연구실에서 1923년부터 1928년까지 6년간 머무르면서, 닐스 보어, 베르너 하이젠베르크, 폴 디랙 및 라이너스 폴링 등 수 많은 천재들과 인연을 맺었다. 이들을 초청하여 제자들과 교류하게 했으며 이는 한참 성장 중에 있던 젊은 물리학자 유카와 히데키와 도모나가 신이치로에게 큰 자극이 되었다. 이와 같은 적극적인 해외 유학은 일본과 세계 과학의 중심부를 연결하는 네트워크로 자리매김하였다.

한국은 미국 등의 유학을 선호하나, 스웨덴, 노르웨이, 핀란드, 덴마크, 아이슬란드 등의 북유럽 등의 유학은 역사도 짧고, 정보도 부족하고, 선후배도 없어 꺼려하게 되나, 스웨덴, 핀란드, 덴마크 등의 과학기술 수준은 매우 높아 많은 노벨 과학상 수상자를 배출했고, 훌륭한 문화를 가지고 있어 배울 점이 많다. 한국에서 유학

을 가는 장소를 다양화하여 북유럽의 과학 및 문화 등을 체험하는
것도 바람직하다.

6. 한국의 노벨 과학상 수상 가능성

1. 노벨 과학상에 대한 국민의 열망

한국인들은 새해 아침이 되면 개인적으로 가족의 건강과 편안함을 기원하며, 마음속 한편으로는 한국인이 노벨 과학상을 수상하여 일본인들로부터 받은 설움을 떨쳐 버렸으면 하는 소원을 가지고 있다. 일본은 25명이 노벨 과학상을 수상하였는데 한국은 한 명도 없다는 것이 자존심을 상하게 한다. 매년 10월 첫째 주와 둘째 주가 되면 우리 국민은 다소 침울해진다. 스웨덴 왕립과학한림원 등에서 발표하는 노벨 과학상 수상자 소식이 연일 언론의 헤드라인을 장식하는데 한국 수상자는 없기 때문이다. 어떤 언론 보도에 의하면 매년 10월 첫째 주나 둘째 주가 되어도 국민들은 한국에서 노벨 과학상 수상자가 나오는 것을 포기하여, 이에 전혀 관심이 없다는 이야기까지도 한다. 이를 들으면 참담할 뿐이다.

2. 노벨 과학상 수상이 예상되는 시기

한국에서 SCI 피인용 횟수가 1,000회 이상이면 국가석학의 자격이 있다. 2010년 자료에 의하면 지난 5년간 노벨 과학상 수상자의 피인용 횟수는 평균적으로 노벨 물리학상 10,066회 그리고 노벨 화학상 18,989회로 매우 높은 편이다.

1965년에 학술 인용 분석 및 과학 계량학의 기초를 닦은 유진 가필드(Eugene Garfield)는 초기 노벨상 수상자들이 발표한 논문은 동료 연구자들에 비해 5배 많았고, 피인용수는 30-50배 더 높았으며, 그 분야에서의 피인용수 상위 0.1%에 속하는 걸작급의 논문을 1편 이상 저술한 바 있음을 발견하였다.[96]

매년 SCI 피인용 횟수가 2,000회 이상인 논문의 저자들을 중심으로 노벨상 수상을 예측하는데, 1970년 이후 웹 오브 사이언스(Web of Science)에 등록된 4,700만여 논문 중 2,000회 이상 피인용이 이루어진 사례는 4,900건(0.01%)에 불과하다.

이미 살펴 본 바와 같이 한국연구재단에서 2016년 기초과학 분야의 핵심 연구자를 대상으로 행한 설문조사에서, 한국 최초의 노벨 과학상 수상이 예상되는 시점까지의 소요 기간은 20년 이내에 노벨상을 수상할 것이라고 응답한 사람이 전체의 78%에 달하였다.[108]

당시에 위 설문조사에 참석했던 한 총장은 2023년에 열린 국내 최고급 이공계 총장 기자 간담회에서 '10여 년 전 언론에서 우리의 노벨 과학상 수상 시기를 물어와 20년은 걸릴 것이라고 답변한 적이 있는데, 지금 다시 물어오면 앞으로도 20년은 더 걸릴 것이라고 답변할 것 같다.'라고 대답하였다. 이것이 우리들의 노벨 과학상에 대한 현주소이며 시사하는 바가 크다. 이에 따르면 한국이 노벨 과학상을 수상할 수 있는 시기는 2043년 경이 될 전망이다.

3. 노벨 과학상에 근접한 연구자

노벨상 수상자 선정 과정에서 살펴본 바와 같이, 후보자를 추천할 수 있는 자격있는 추천자가 대부분 북유럽 스웨덴 왕립과학한림원 회원, 북유럽의 대학교 및 연구소의 종신교수, 노벨상 수상자 및 노벨위원회 위원 등으로 한정되어 있어 이들과 특별한 학문적 네트워크가 없다면 예비 후보자로 추천받는 것도 매우 어렵다.

이와 같이 추천된 예비 후보자 100-250명 중에서 최종 후보자 30명 내외에 뽑히는 것도 10대 1의 치열한 경쟁을 거쳐야 한다. 그러므로 쟁쟁한 예비 후보들 중에서 최종 후보가 되는 것도 하늘에 별 따기로 매우 어렵다.

최종 후보자로 뽑혔어도 노벨위원회의 수상자 선정 과정은 매우 어렵다. 노벨재단 기록물을 보면 최종 후보자들에 대하여 노벨 위원 및 객원 위원 30명 정도가 투표를 하는데, 노벨 물리학상 수상자 선정은 1901년에 노벨위원 30명중 16표(16/30), 노벨 화학상 수상자 선정은 1901년에 노벨위원 20명중 11표(11/20) 그리고 1903년에는 노벨위원 23명중 11표(11/23)를 얻어야 수상자로 최종 결정된다. 이는 전체 노벨위원 중에서 1901년 노벨 물리학상은 53% 그리고 1901년 및 1903년 노벨 화학상은 각각 55% 및 48%의 득표를 해야 최종 수상자로 결정된다. 따라서 전체 노벨위원 중에서 48-

55%의 득표를 얻어야 최종 수상자로 결정된다. 한국의 연구자들 중에서 이와 같은 노벨위원의 지지를 받을 수 있는 사람이 몇 명이 있을지 의문스럽다. 노벨상 수상자로 결정되는 과정은 아주 험난하고 어려운 과정임이 틀림없다.

클래리베이트 애널리틱스가 2014년 한국과학기술원 유룡 교수, 2017년 성균관대 박남규 교수, 2018년 울산과학기술원 로드니 루오프 교수 그리고 2020년 서울대 현택환 교수가 한국에서 노벨 과학상 수상자로 유력하다고 예측하였으나 실현되지는 않았다. 노벨 과학상 수상이 말로써 형언할 수 없는 험난한 과정이기 때문에 이들이 선구자적 역할을 하여 많은 노벨 과학상 수상자가 배출되기를 기대한다.

지금이라도 한국은 처음부터 노벨 과학상 수상에 대한 계획을 다시 세워야 한다. 초중고 학생들에게는 과학에 대한 호기심을 가질 수 있는 실험을 수행할 수 있도록 5-10개의 학교가 클러스트를 형성하여 시설이 제일 우수한 국가 지정학교에서 실험을 수행하도록 해야 한다. 그리고 이들이 과학으로부터 즐거움을 찾을 수 있고, 과학으로 국가에 봉사하고, 인생의 보람을 느낄 수 있는 제도를 정립해야 한다.

또한 교육제도는 창의성을 높힐 수 있는 제도로 과감하게 개편해야 한다. 사지 선다의 객관식 시험은 서술형 시험으로 과감하게 대체한다. 그리고 재정 및 인력자원이 부족한 상태에서는 학맥과 도제 시스템을 결합한 노벨상 급 연구 거점 클러스터를 도입하여 어느 한 도시에 위치한 노벨상 도전의 능력을 갖춘 유능한 교수의

거점대학을 중심으로, 같은 도시 내에 위치한 몇 개 대학의 부교
수, 조교수, 전임강사, 박사 및 석사과정 대학원생이 한 분야를 집
중 연구하는 클러스트를 형성하고, 연구실에서는 '코펜하겐' 정신
으로 활발하게 연구하고 토론한다.

여기에 기초과학에 대한 투자를 늘리고, 일관적이고 지속적인
기초 연구비를 제공하고, 연구비의 낭비를 막고 선택과 집중을 하
며, 한국이 잘 할 수 있는 분야에 집중하여 끈기 있게 노력하면 멀
지 않은 시기에 노벨 과학상을 수상할 수 있을 것으로 기대한다.

　지금까지 선진국으로 인정받고 있으며 인구가 어느 정도 되는 나라들은 대부분 1회 이상 노벨 과학상을 수상하였다. 따라서 노벨 과학상 수상 여부는 그 나라의 국가적 역량과 선진국 여부를 가늠할 수 있는 척도로써 인식된다. 그런데 IMF 기준으로 선진국으로 분류되고 인구가 1,000만 명 이상인 나라들 중에서 노벨 과학상이 없는 나라는 전 세계에서 한국밖에 없다.

　한국은 일본에 비하여 근대화가 50-60년 정도 늦어졌고, 일본의 식민지와 6·25 전쟁으로 인적·물적 자원이 파괴되었다. 이러한 폐허를 극복하고 짧은 기간에 국가를 선진국으로 발전시키기 위하여는 검증된 기술을 응용하는 '패스트 팔로워(Fast Follower)' 전략을 채택해, 경제력 및 응용 및 개발 기술은 선진국을 따라 잡았지만, 기초과학 및 원천기술은 선진국에 뒤처지게 되었다.

　일본은 빠른 근대화와 함께 과학기술 발전을 국정의 최고 목표로 삼아, 발 빠르게 교육기관과 연구기관을 설립하였다. 1995년 '과학기술기본법'을 제정하고 5년마다 새로운 '과학기술 기본계획'

을 책정해 과학기술을 육성해왔다. 1918년부터 100년을 넘게 '과연비'를 운영하여 노벨상급 도전적 연구를 꾸준히 지원해왔다. 이로써 과연비를 장장 40년, 35년 및 20년간 지원받아 노벨 과학상을 수상하였다. 이러한 일관성 및 지속적인 기초연구 투자가 결실을 맺어 25명의 노벨 과학상을 수상하게 되었다고 볼 수 있다.

여기에 일본 특유의 외골수 및 장인정신 등이 일조를 하였고, 국내외를 불문하고 훌륭한 스승을 모시고 연구를 하면서 배우고, 훈련하고, 성장하는 사사(師事)가 중요한 역할을 하였다. 일본 기업들의 개방성, 미래성 및 사회성도 한 몫을 하였다. 그런데 노벨 수상자의 나이가 점점 고령화하고 있다. 87-97세의 나이에 노벨상을 수상한 사람이 13명에 달한다. 어떤 수상자는 71세 및 57세에 핵심 연구를 시작한 수상자도 있어, 65세 정년퇴임 후에도 노벨상을 향한 연구를 계속할 수 있는 시스템이 필요하다.

노벨 과학상 수상자들이 연구에서는 호기심이 가장 중요하다고 이구동성으로 이야기한다. 따라서 초·중·고 학생들, 특히 초등학교 학생들이 손을 움직여 실험을 직접 해보고, 이의 변화를 눈으로 직접 보면서 흥미를 갖게 되고, 이것이 성장하여 노벨 과학상으로 연결될 수 있다. 그러므로 과학시간에 실험을 할 수 없는 학교들은 5-10개 학교가 하나의 클러스트(Cluster)를 구성하여, 가장 우수한 시설을 갖춘 정부의 과학 지정학교에서 학생들이 충분한 실험을 하여 호기심을 가질 수 있게 해야 한다.

기초연구비는 일본 수준 혹은 지금의 2-3배 이상으로 인상해야 한다. 연구비는 일본 과연비 및 미국 NSF 연구비 같이 단일화하고 융통성과 유연성을 가지고 국가가 필요로 하는 분야를 선택하여 집중할 수 있는 시스템으로 바뀌어야 한다.

학생들의 창의성을 개발하기 위하여 교육제도를 과감하게 개편해야 한다. 일본은 고교평준화 정책의 실패를 인정하고, 주입식 및 암기식 교육을 대폭 개편하였는데, 한국은 아직도 평준화를 유지하고 있다.

일본은 2020년부터 우리의 수능과 비슷한 '대학센타시험'을 폐지하고, '대학입학공통시험'을 도입했다. 사지선다 객관식 시험을 폐지하고, 사고력을 묻는 서술형 시험으로 대체하였다. 대학별 고사인 2차 시험에서는 논술, 에세이 및 프레젠테이션 등 다양한 시험 유형을 활용한다. 수업은 주입식 교육에서 탈피하여 학생과 교사 사이에 질문을 하고 대답을 반복하는 토론식 수업으로 바뀌어야 한다.

많은 노벨 과학상 수상자들이 이구동성으로 연구에서는 호기심이 제일 중요하다고 강조하고 있다. 따라서 학생들이 과학에 대한 호기심을 가지고, 창의성을 개발하고, 기초연구에 일관적이며 지속적인 투자를 계속하며, 세계적인 연구자와 네트워크를 형성하여, 우리의 역량을 최대로 발휘한다면 노벨 과학상 수상의 꿈이 성큼 현실로 우리 앞에 다가올 것이라고 확신한다.

한국은 미국 등의 나라에 집중적으로 유학을 떠나나 이를 지양하여 스웨덴, 필란드, 덴마크 등의 북유럽 국가로 유학을 다녀오는 것도 생각할 수 있다. 이들 국가의 과학기술 수준은 매우 높아 많은 노벨 과학상 수상자를 배출하였다. 한국에서 유학을 가는 장소

를 다양화하여 북유럽의 과학, 문화 및 생활을 체험하는 것도 바람
직하다.

참고문헌

1. 나무위키, "알프레드 노벨", https://namu.wiki/w/알프레드 노벨

2. 위키피디어 한국, "알프레드 노벨", https://ko.wikipedia/wiki/알프레드 노벨

3. 네이버, "알프레드 노벨 ", https://terms.naver.com/print.naver?docld=3569761&cid=59014&categoryld=59014

4. 노벨재단, "알프레드 노벨의 인생", https://www.nobelprize.org/alfred-nobel/biographical-information

5. 노벨재단, "알프레드 노벨의 인생과 철학", https://www.nobelprize.org/alfred-nobel/life-philosophy

6. 외교부, "스웨덴 개황: 스웨덴의 노벨상 ", 2019, https://www.mofa.go.kr

7. 네이버, "인물 세계사 알프레드 노벨: 스웨덴의 발명가 겸 기업가, 노벨상 창설자", https://terms.naver.com/print.naver?docId=3569762&cid=59014&categoryid=59014

8. 네이버, "알프레드 노벨 이야기: 그의 삶 그리고 개성만점이었던 가족들에 대해서", https://contents.premium.naver.com/shoulerofgiants/knowledge/contents/230317172818155xh

9. 정해용, ".20세기 스토리 박물관 6] 인물관: 알프레드 노벨...인류의 미래에 투자한 차거운 휴머니스트", 이모작 뉴스, 2022년 9월 21일(2022).

10. 네이버 블로그, "니트로글리세린, 노벨과 다이너마이트의 우연한 발명", https://blog.naver.com/PostPrint.naver?blogId=osw9347&logNo=221686117389

11. 노벨재단, "알프레드 노벨의 인생과 일", https://www.nobelprize.org/alfred-noble/alfred-nobels-life-andwork

12. 대한건축학회, "대한건축학회 건축용어사전, 규조토", 대한건축학회, 서울(2021).

13. 노벨재단, "알프레드 노벨의 유언", https://www.nobelprize.org/alfred-nobel/alfred-nobels-will

14. 크리스천 라이프 및 에듀 라이프, "1895년 11월 27일, 알프레드 노벨이 사후 자신의 유산으로 노벨상을 만드는 유언장에 서명", https://chedulife.com.au/wp-content/uploads/노벨_유언장.jpg

15. 노벨재단 저, 이광렬, 이승철 역, "당신에게 노벨상을 수여합니다: 노벨물리학

상", 초판, 바다출판사(2010).

16. 노벨재단, "노벨상 사실", https://www.nobelprize.org/prizes/facts/nobel-prize-facts

17. 위키피디어 한국, "스웨덴 왕립 과학한림원", https://ko.wikipedia.org/wiki/스웨덴_왕립_과학한림원

18. 위키피디어, "마리 퀴리", https://en.wikipedia.org/wiki/Marie_Curie

19. 나무위키, "노벨상", https://namu.wiki/w/노벨상

20. 노벨재단, "화학상 수상자 지명 및 선정", https://www.nobelprize.org/nomination/chemistry

21. 노벨재단, "노벨상 수상자", https://www.nobelprize.org/prizes/lists/all-nobel-prizes

22. 나무위키, "노벨상/각국 수상 현황", https://namu.wiki/w/노벨상/각국 수상 현황

23. 위키피디어 한국, "나라별 노벨상 수상자 목록", https://ko.wikipedia.org/wiki/나라별_노벨_수상자_목록

24. 나무위키, "노벨상/대한민국의 분야별 현황", https://namu.wiki/w/노벨상/대한민국의 분야별 현황

25. 나무위키, "노벨물리학상/수상자", https://namu.wiki/w/노벨물리학상/수상자

26. 나무위키, "노벨화학상/수상자", https://namu.wiki/w/노벨화학상/수상자

27. 나무위키, "노벨 생리학·의학상/수상자", https://namu.wiki/w/노벨생리학·의학상/수상자

28. 나무위키, "노벨문학상/수상자", https://namu.wiki/w/노벨문학상/수상자

29. 나무위키, "노벨평화상/수상자", https://namu.wiki/w/노벨평화상/수상자

30. 나무위키, "노벨경제학상/수상자", https://namu.wiki/w/노벨경제학상/수상자

31. 노벨재단, "물리학에서 모든 노벨상", https://www.nobelprize.org/prizes/lists/all-nobel-prizes-in-physics

32. 노벨재단, "화학에서 모든 노벨상", https://www.nobelprize.org/prizes/lists/all-nobel-prizes-in-chemistry

33. 노벨재단, "생리학·의학에서 모든 노벨상", https://www.nobelprize.org/prizes/lists/all-nobel-prizes-in-physiology-or-medicine

34. 노벨재단, "문학에서 모든 노벨상", https://www.nobelprize.org/prizes/lists/all-nobel-prizes-in-literature

35. 노벨재단, "평화에서 모든 노벨상", https://www.nobelprize.org/prizes/lists/all-nobel-prizes-in-peace

36. 노벨재단, "경제과학에서 모든 노벨상", https://www.nobelprize.org/prizes/lists/all-nobel-prizes-in-economic-sciences

37. 위키피디아 한국, "노벨상 수상자 목록", https://ko.wikipedia/wiki/노벨상 수상자 목록

38. 두산백과 두피디어, "원자모형의 변천사", https://www.doopedia.co.kr/원자모형의 변천사

39. 노벨재단 노벨상 수상자의 공식 인물사진, "마리 퀴리, 피에르 퀴리 및 조지 패짓 톰슨"(2025).

40. 위키피디어, "마리 퀴리", https://en.wikipedia.org/wiki/Marie_Curie

41. 나무위키, "라이너스 폴링", https://namu.wiki/w/라이너스 폴링

42. 이종필, "현대화학의 시조, 반핵 운동가 라이너스 폴링", 동아사이언스 (2022).

43. 나무위키, "DNA", https://namu.wiki/w/DNA

44. 나무위키, "존 바딘", https://namu.wiki/w/존_바딘

45. 위키피디어 한국, "트랜지스터", https://ko.wikipedia.org/wiki/트랜지스터

46. 위키미디어(Wikimedia), "1900년부터 2015년까지 초전도체의 연대표", (2025).

47. 위키피디어 한국, "프레더릭 생어", https://ko.wikipedia.org/wiki/프레더릭 생어

48. EBS 비즈니스리뷰, "인슐린은 어떻게 발견했을까?", 2020, https://post.naver.com/viewer/postView.naver?volumeNo=3032 9217&memberNo=51538039&vType=VERTICAL#

49. 스웨덴왕립과학한림원, "키랄축매에 의한 수소화 산화반응", 2001, https://terms.naver.com/print.naver?docId=1966144&cid=60285&categoryId=60289

50. 위키피디어 한국, "카이랄성", https://ko.wikipedia.org/wiki/카이랄성

51. 위키피디어 한국, "칼 배리 샤플리스", https://ko.wikipedia.org/wiki/칼_배리_샤플리스

52. 나무위키, "조지프 존 톰슨", https://namu.wiki/w/조지프 존 톰슨

53. 위키피디어 한국, "조지 패짓 톰슨", https://ko.wikipedia.org/wiki/조지 패짓 톰슨

54. 위키피디어 한국, "윌리엄 헨리 브래그", https://ko.wikipedia.org/wiki/윌리엄 헨리 브래그

55. 위키피디어 한국, "윌리엄 로렌스 브래그", https://ko.wikipedia.org/wiki/윌리엄 로렌스 브래그

56. 위키피디어 한국, "닐스 보어", https://ko.wikipedia.org/wiki/닐스 보어

57. 위키피디어 한국, "오게 닐스 보어", https://ko.wikipedia.org/wiki/오게 닐스 보어

58. 나무위키, "피에르 부르디외", https://namu.wiki/w/피에르 부르디외

59. 피터 드러커 저, 이재규 역, "넥스트 소사이어티", 초판, 한국경제신문 한경 BP(2002).

60. 한국연구재단, "노벨과학상의 핵심연구와 수상연령", NRF R&D Brief(2021).

61. 중앙일보, "노벨과학상 받으려면 장수해야겠네", 2021, https://www.joongang.co.kr/articles/25013137

62. 존 스튜어트 밀 저, 박홍규 역, "존 스튜어트 밀 자서전", 초판, 문예출판사 (2019).

63. 위키피디어, "기온이상(Temperature Anomaly)", 2022, https://en.wikipedia.org/Temperature_anomaly

64. 노벨재단, "노벨상 상금", https://www.nobelprize.org/prizes/about/the-nobel-prize-amounts

65. 노벨재단, "홍보실", https://www.nobelprize.org/press room

66. 노벨재단, "지명 기록물", https://www.nobelprize.org/nomination/archive

67. 네이버 지식백과 물리산책, "상대성 이론", https://terms.naver.com/print.naver?docId=3571770&cid=58941& categoryId=58960

68. 위키피디어 한국, "알베르트 아인슈타인", https://ko.wikipedia.org/wiki/알베르트_아인슈타인

69. 여인형, "풀러렌", 네이버 지식백과 화학산책, 2014, https://terms.naver.com/print.naver?docId=3578346&cid=58949& categoryId=58983

70. 제프리 삭스 저, 김현구 역, "빈곤의 종말", 초판, 21세기북스(2004).

71. 두산백과 두피디어, "알베르트 슈바이쳐", https://terms.naver.com/print.naver.
    ?docId=1116487&cid=40942&categoryId=34253

72. 정보관련포스팅/과학, "DNA 구조 발견의 역사 보고서", 2021, https://
    ihavetobe.tistory.com/39

73. Alled OLED의 모든 것 화학이야기/일반화학, "주기율표의 등장", 2018, https:
    //allled.tistory.com/69

74. 위키피디어 한국, "헨리 모즐리(물리학자)", https://ko.wikipedia.org/wiki/헨리_모
    즐리(물리학자)

75. 위키피디어 한국, "윌리스 캐러더스", https://ko.wikipedia.org/wiki/윌리스_캐
    러더스

76. 두산백과 두피디어, "토머스 에디슨", https://terms.naver.com/print.
    naver?docId=1125073&cid=40942& categoryId=33487

77. 위키피디어 한국, "레프 톨스토이", https://ko.wikipedia.org/wiki/레프-톨스토
    이

78. 위키피디어 한국, "호르헤 루이스 보르헤스", https://ko.wikipedia.org/wiki/호
    르헤-루이스-보르헤스

79. 위키피디어 한국, "이와쿠라 사절단", https://ko.wikipedia.org/wiki/이와쿠라-
    사절단

80. 노컷뉴스, "22명의 노벨상 수상자 배출의 원동력 해부", https://www.nocutn
    ews.co.kr/common/popprint.aspx?index=4664106

81. 배대웅, "축적의 시간이 만든 일본의 노벨상", https://brunch.co.kr/@
    woongscool/7

82. 김동화, "한국에서는 왜 노벨상이 힘든가", 초판, 북랩(2019).

83. 최성우, "일본 근대 과학의 선구자들", 한국과학기술인연합, https://www.
    sciencetimes.co.kr

84. 신윤재, "한국 0 vs 일본 24…일이 노벨상에 강한 진짜 이유는", 매일경제, 2020
    년 10월 3일(2020), https://www.mk.co.kr/premium/print/29066

85. EX/DB(Extraordinary Data Base), "노벨상에 대한 오해-노벨상은 그 나라의 국력
    을 반영한다", https://exidb.tistory.com/1019

86. 선우정, "노벨상 대국 일본의 힘, 100년 이어온 국내파들의 사사", 조선일보,

2018년 10월 12일(2018).

87. 다나카 고이치 저, 하연수 역, "일의 즐거움", 초판, 김영사(2004).

88. 비피기술거래, "과학분야에서 일본 노벨상 수상자가 많은 이유는 무엇일까", 초판, 비피타임즈(2017).

89. 윤희일, "일본은 아직도 배가 고프다. 노벨상급 연구 지원 대폭 확대", 경향신문, 2016년 10월 9일(2016).

90. 김청중, "노벨상 강국 일본의 숨은 공로자 과연비", 세계일보, 2018년 11월 18일(2018).

91. 미신행차 저, 성윤아 역, "과학기술 입국의 길: 일본 과학기술기본법해설", 한국경제신문사(1998).

92. OECD, "OECD Better Life Index", https://www.oecdbetterlifeindex.org/countries/Korea

93. OECD, "Science, Technology and Innovation Outlook", https://www.oecd.org/sti/science-technology-innovation-outlook

94. 과학기술정보통신부, "2023년도 과학기술정보통신부 연구개발사업 종합 시행 계획", 과학기술정보통신부, 2023년 1월 3일(2023).

95. 오정연, "국내 순수 연구비 확대 절실", 대전일보, 2015년 9월 14일(2015).

96. 구용회, "왜 한국은 아직 노벨과학상 없나", 노컷뉴스, CBS, 2010년 1월 4일(2010), https://www.cbs.co.kr/nocut/email/news_print.asp?idx=1356568&gugu

97. 네이버 블로그, "과학분야 노벨상 수상자 한국 0명, 일본 22명 ", https://blog.naver.com/PostPrint.nhn?blogID=56kimv&logNo=2208 29086769

98. 황현택, "노벨상 25명 보유한 일...한국 보고 큰일났다", KBS, 2020년 10월 8일(2020), https://news.naver.com/main/tool/print.nhn?oid=056&aid=0010912837

99. 네이버 블로그, "노벨상과 인연 없는 한국", https://blog.naver.com/PostPrint.nhn?blogId=wjsjffwma&logNo=2 20856088910

100. 장부승, "한국이 노벨상 못 받는 다섯 가지 이유라는 환상", 오마이뉴스, 2018년 11월 1일(2018), https://news.naver.com/main/tool/print.nhn?oid=047&aid=000 2207666

101. 이준기, "사제의 축적없인 노벨상 없다", 디지털타임스, 2020년 11월 4일(2020).

102. 머니투데이, "노벨상 받기까지 평균 31.2년...한국인들이여 참을성을 가
　　　져라", 2021년 10월 11일(2021), https://news.mt.co.kr/newsPrint.
　　　html?no=2021101121290168337& type=1&gubn=

103. 이영완, "끈질긴 연구 근성... 학문도 '장인정신'으로", 조선일보, 2008년 10월
　　　10일(2008).

104. 김영민, "15년 전 앨빈 토플러가 한국에 던진 쓴소리...저임금 바탕 굴뚝산업
　　　에 안주할 것인가", 중앙일보, 2016년 6월 30일(2016), https://news.naver.
　　　com/main/tool/print.nhn?oid=025&aid=0002627141

105. 이동휘, "주입식 교육 대명사 일본, 대입시험 객관식 없앤다", 조선일보, 2017
　　　년 11월 12일(2017).

106. 김연주, "한국교육 '바꿔야'만 외치며 20년간 안 변해", 조선일보, 2017년 9월
　　　12일(2017).

107. 매일경제, "창의성 개발법", https://www.mk.co.kr/news/world/view/2020/
　　　10/1011066/

108. 한국연구재단, "우리나라 노벨 과학상 탈 수 있다", 한국연구재단 보도자료
　　　(2016).

109. 김현기, "연구개발·산업발전 이끄는 힘은 호기심", 이코노미스트, 2004년 8월
　　　10일(2004).

부록
Appendices

부록 1. 노벨상 중복 수상자

순서	이름	연도/분야	업적
1	마리 퀴리(Marie Curie)	1903/물리학	방사성 물질 폴로늄과 라듐 발견
	마리 퀴리(Marie Curie)	1911/화학	라듐 및 폴로늄 발견 및 라듐 분리
2	라이너스 폴링 (Linus Pauling)	1954/화학	화학적 결합의 특성 연구: 전기음성도 및 혼성 오비탈
	라이너스 폴링 (Linus Pauling)	1962/평화	핵무기의 국제적 통제를 위한 노력, 핵실험 반대운동 공로
3	존 바딘(John Bardeen)	1956/물리학	트랜지스터 발명
	존 바딘(John Bardeen)	1972/물리학	초전도 BCS 이론의 개발
4	프레더릭 생어 (Frederick Sanger)	1958/화학	인슐린 분자의 구조 결정
	프레더릭 생어 (Frederick Sanger)	1980/화학	핵산 염기서열 분석 방법 고안: Sanger DNA Sequencing
5	칼 샤플리스 (Karl Sharpless)	2001/화학	카이랄성 촉매 산화 반응에 대한 연구
	칼 샤플리스 (Karl Sharpless)	2022/화학	클릭화학(Click Chemistry)과 생물 직교 화학의 개척

부록 2. 노벨상 부자간 수상자

순서	부/자	이름	연도/분야	업적
1	부	조지프 존 톰슨(Joseph John Thomson)	1906/물리학	빛의 입자성 발견
	자	조지 패짓 톰슨(George Paget Thomson)	1937/물리학	빛의 파동성 발견
2	부	윌리엄 헨리 브래그 (William Henry Bragg)	1915/물리학	X선을 이용한 결정구조 분석
	자	윌리엄 로렌스 브래그 (William Lawrence Bragg)	1915/물리학	X선을 이용한 결정구조 분석
3	부	닐스 보어 (Niels Bohr)	1922/물리학	원자구조와 에너지 준위
	자	오게 닐스 보어 (Aage Niels Bohr)	1975/물리학	원자핵의 운동
4	부	칼 만네 예오리 시그반 (Karl Manne Georg Siegbahn)	1924/물리학	X선 분광학
	자	카이 만네 뵈리에 시그반 (Kai Manne Borge Siegbahn)	1981/물리학	전자 분광학
5	부	한스 폰 오일러켈핀 (Hans von Euler-Chelpin)	1929/화학	비타민 연구
	자	울프 폰 오일러 (Ulf von Euler)	1970/생리학·의학	신경말단에서 체액성 전달물질의 발견
6	부	아서 콘버그 (Arthur Kornberg)	1959/생리학·의학	RNA와 DNA의 생물학적 합성 메커니즘 발견
	자	로저 콘버그 (Roger Kornberg)	2006/화학	유전자 정보 전사과정 연구
7	부	수네 베리스트룀 (Sune Bergstrom)	1982/생리학·의학	콜레스트롤의 생합성 및 대사 연구
	자	스반테 페보 (Svante Paabo)	2022/생리학·의학	멸종된 호미닌(Hominin) 유전체와 인간 진화에 대한 연구

<h2 align="center">부록 3. 노벨상 부부간 수상자</h2>

순서	부/부	이름	연도/분야	업적
1	부(H)	피에르 퀴리(Pierre Curie)	1903/물리학	방사성 물질 폴로늄과 라듐 발견
	부(W)	마리 퀴리(Marie Curie)	1903/물리학	방사성 물질 폴로늄과 라듐 발견
2	부(H)	프레드릭 줄리오 (Frederic Joliot)	1935/화학	새로운 방사성 원소 합성
	부(W)	이렌 줄리오퀴리 (Irene Joliot-Curie)	1935/화학	새로운 방사성 원소 합성
3	부(H)	칼 코리(Carl Cori)	1947/생리학·의학	글리코겐의 촉매전환 과정의 발견
	부(W)	거티 코리(Gerty Cori)	1947/생리학·의학	글리코겐의 촉매전환 과정의 발견
4	부(H)	에드바르 모세르 (Edvard Moser)	2014/생리학·의학	뇌의 공간 인지 시스템을 구성하는 세포의 발견
	부(W)	마이브리트 모세르 (May-Britt Moser)	2014/생리학·의학	뇌의 공간 인지 시스템을 구성하는 세포의 발견
5	부(H)	군나르 뮈르달 (Gunnar Myrdal)	1974/경제학	통화정책 및 경기변동 이론에 대한 선구자적 공헌
	부(W)	알바 뮈르달 (Alva Myrdal)	1982/평화상	스웨덴 군축장관
6	부(H)	아비지트 배너지 (Abhijit Banerjee)	2019/경제학	세계 빈곤 경감을 위한 이들의 실험적 접근
	부(W)	에스테르 뒤플로 (Esther Duflo)	2019/경제학	세계 빈곤 경감을 위한 이들의 실험적 접근

부록 4. 노벨상 형제 및 숙질간 수상자

순서	형, 숙 / 제, 질	이름	연도/분야	업적
1	형	얀 틴베르헌 (Jan Tinbergen)	1969/경제학	경제과정의 분석을 위한 동적 모델의 개발과 적용
	제	니콜아스 틴베르헌 (Nikolaas Tinbergen)	1973/생리학·의학	개별적 및 사회적인 행동 패턴의 체계성과 도출에 대한 발견
2	숙	크리스티아네 뉘슬라인 폴하르트(Christiane Nusslein Volhard)	1995/생리학·의학	초기 배아 발생 과정에서 유전자 조절에 관한 발견
	질	베냐민 리스트 (Benjamin List)	2021/화학	비대칭 유기촉매 개발

부록 5. 노벨상 최연소 수상자

나이	이름	연도/분야	업적
17	말랄라 유사프자이 (Malala Yousafzai)	2014/평화	아이들과 어린이의 억압에 반대하고 교육을 받을 권리를 위해 투쟁
25	윌리엄 로렌스 브래그 (William Lawrence Bragg)	1915/물리학	X선을 이용한 결정구조 분석
25	드니 무라드 (Nadia Murad)	2018/평화	전쟁과 무력 분쟁 때의 무기와 같은 성폭력 사용을 종식하려는 노력에 대한 공로
31	베르너 하이젠베르크 (Werner Heisenberg)	1932/물리학	양자역학의 불확정성 원리 발견
31	리정다오 (Lee Tsung-Dao)	1957/물리학	반전성 위배의 입증
31	칼 앤더슨 (Carl Anderson)	1936/물리학	양전자 발견
31	폴 디랙(Paul Dirac)	1933/물리학	양자역학에 파동방정식 도입: 슈뢰딩거 방정식

나이	이름	연도/분야	업적
32	프레더릭 밴팅 (Frederick Banting)	1923/생리학·의학	인슐린 발견
32	타우왁쿨 카르만 (Tawakkol Karman)	2011/평화	각각 여성의 안전과 인권을 위해 노력
32	루돌프 뫼스바우어 (Rudolf Mossbauer)	1961/물리학	뫼스바우어 효과 발견
32	마레드 코리건 (Mairead Corrigan)	1976/평화	카톨릭-개신교 평화운동 및 '북아일랜드 평화운동' 창설
33	조슈와 레더버그 (Joshua Lederberg)	1958/생리학·의학	유전자 재조합과 박테리아 유전물질의 구조와 관련된 발견
33	배티 윌리암스 (Betty Williams)	1976/평화	카톨릭-개신교 평화운동 및 '북아일랜드 평화운동' 창설
33	리고베르타 툼 (Rigoberta Tum)	1992/평화	원주민 여성인권 운동가
35	프레데리크 졸리오퀴리 (Frederic Joliot Curie)	1935/화학	새로운 방사성 원소 합성

부록 6. 노벨상 최연장 수상자

나이	이름	연도/분야	업적
97	존 굿이너프 (John Goodenough)	2019/화학	리튬-이온 전지 발견
96	아서 애슈킨 (Arthur Ashkin)	2018/물리학	레이저 물리학 분야에서의 획기적인 발명
90	레오니트 후로비치 (Leonid Hurwicz)	2007/경제학	제도설계 이론의 기초 확립
90	슈쿠로 마나베 (Syukuro Manabe)	2021/물리학	지구기후의 물리학적 모델링, 변동성 정량화 및 신뢰할 수 있는 지구 온난화 예측
89	클라우스 하셀만 (Klaus Hasselmann)	2021/물리학	지구기후의 물리학적 모델링, 변동성 정량화 및 신뢰할 수 있는 지구 온난화 예측

나이	이름	연도/분야	업적
89	로이드 섀플리 (Lloyd Shapley)	2011/경제학	안전적 배분과 시장설계에 관한 이론
88	레이먼드 데이비스 2세 (Raymond Davis Jr.)	2002/물리학	천체 물리학에 대한 선구적 기여, 특히 우주 중성미자의 검출에 대한 공헌
88	도리스 레싱 (Doris Lessing)	2007/문학	다섯째 아이 (소설)
87	난부 요이치로 (Nambu Yoichiro)	2008/물리학	아원자 물리학의 자발적 대칭 깨짐 메커니즘 발견
87	비탈리 킨즈부르크 (Vitaly Ginzburg)	2003/물리학	초전도 및 초유체 이론에 대한 공헌
87	페이턴 라우스 (Peyton Rous)	1966/생리학·의학	종양 유발 바이러스의 발견
87	조지프 로트블랫 (Joseph Rotblat)	1995/평화	핵무기 사용 감축 및 핵 폐기를 위한 노력
87	카를 프리슈 (Karl Frisch)	1976/생리학·의학	개별적 및 사회적인 행동 패턴의 체계성과 도출에 과한 연구

부록 7. 일본의 노벨상 수상자

순서	이름	연도/분야	업적
1	유카와 히데키 (Yukawa Hideki)	1949/물리학	중간자의 존재 예측
2	도모나가 신이치로 (Tomonaga Sin-Itiro)	1965/물리학	양자 전기역학의 기초 연구
3	가와바타 야스나리 (Kawabata Yasunari)	1968/문학	설국 (소설)
4	에사키 레오(Esaki Leo)	1973/물리학	반도체와 초전도체의 터널효과 발견
5	사토 에이사쿠 (Sato Eisaku)	1974/평화	비핵 3원칙 제창

순서	이름	연도/분야	업적
6	후쿠이 겐이치 (Fukui Kenichi)	1981/화학	화학반응의 궤도함수 대칭 해석
7	도네가와 스스무 (Tonegawa Susumu)	1987/생리학·의학	항체 다양성의 유전학적 원리 해명
8	오에 겐자부로 (Oe Kenzaburo)	1994/문학	개인적인 체험 (소설)
9	시라카와 히데키 (Shirakawa Hideki)	2000/화학	전도성 고분자 물질 개발
10	노요리 료지 (Noyori Ryoji)	2001/화학	키랄 촉매에 의한 비대칭 반응 연구
11	고시바 마사토시 (Koshiba Masatoshi)	2002/물리학	우주 중성미자 검출과 관련한 선구자적 연구
12	다나카 고이치 (Tanaka Koichi)	2002/화학	생체고분자의 질량 분석을 위한 연성 탈착 이온화 방밥의 개발
13	고바야시 마코토 (Kobayashi Makoto)	2008/물리학	CP 대칭깨짐 원리 발견
14	마스카와 도시히데 (Maskawa Toshihide)	2008/물리학	CP 대칭깨짐 원리 발견
15	난부 요이치로 (Nambu Yoichiro)	2008/물리학	CP 대칭깨짐 원리 발견
16	시모무라 오사무 (Shimomura Osamu)	2008/화학	녹색 형광 단백질 GFP 발견 및 개발
17	스즈키 아키라 (Suzuki Akira)	2010/화학	팔라듐 촉매 교차결합법 개발
18	네기시 에이이치 (Negishi Ei-ichi)	2010/화학	팔라듐 촉매 교차결합법 개발
19	야마나카 신야 (Yamanaka Shinya)	2012/생리학·의학	유도만능줄기세포 개발
20	아카사키 이사무 (Akasaki Isamu)	2014/물리학	청색 LED 발명
21	아마노 히로시 (Amano Hiroshi)	2014/물리학	청색 LED 발명
22	나카무라 슈지 (Nakamura Shuji)	2014/물리학	청색 LED 발명

순서	이름	연도/분야	업적
23	오무라 사토시 (Omura Satoshi)	2015/생리학·의학	회충 감염의 새로운 치료법 발견
24	가지타 다카아키 (Kajita Takaaki)	2015/물리학	중성미자 진동 관측
25	오스미 요시노리 (Ohsumi Yoshinori)	2016/생리학·의학	자가포식(오토파지) 메커니즘 연구
26	가즈오 이시구로 (Kazuo Ishiguro)	2017/문학	남아있는 나날 (소설)
27	혼조 다스쿠 (Honjo Tasuku)	2018/생리학·의학	음성적 면역 조절 억제를 통한 암 치료법 발견
28	요시노 아키라 (Yoshino Akira)	2019/화학	리튬 이온 배터리 개발
29	슈쿠로 마나베 (Syukoro Manabe)	2021/물리학	기후 변화에 대한 신뢰성 있는 예측 모델 제시
30	일본원수폭피해자단체협의회 (Nihon Hidankyo)	2024/평화	핵무기 폐기를 위한 일본 정부 및 세계 정부에 대한 로비

부록 8. 중국+대만의 노벨상 수상자

순서	이름	연도/분야	업적
1	양전닝 (Yang Chen Ning)	1957/물리학	반전성 위배의 입증
2	리정다오 (Lee Tsung-Dao)	1957/물리학	반전성 위배의 입증
3	리위안저 (Lee Yuan T.)	1986/화학	기초 화학반응을 분석하기 위한 방법 개발
4	대니얼 추이 (Daniel Tsui)	1998/물리학	극저온의 자기장 하에서의 반도체 내 전자에 대한 연구
5	가오 싱젠 (Gao Xingjian)	2000/문학	영혼의 산 (희곡)

순서	이름	연도/분야	업적
6	찰스 카오 (Charles Kao)	2009/둘리학	광통신용 광섬유의 빛 전송에 관한 획기적인 업적
7	류샤오보 (Liu Xiaobo)	2010/평화	중국의 인권 신장을 위한 오랜 투쟁
8	모옌(Mo Yan)	2012/문학	개구리 (소설)
9	투유유(Tu Youyou)	2015/생리학·의학	말라리아에 대한 새로운 치료법 발견

부록 9. 아시아 국가(일본, 중국+대만 제외)의 노벨상 수상자

국가	이름	연도/분야	업적
인도	라빈드라나트 타고르 (Rabindranath Tagore)	1913/문학	기탄잘리 (시)
인도	찬드라세카라 라만 (Chandrasekhara Raman)	1930/물리학	빛 산란에 대한 연구, 라만 효과 발견
인도	하르 코라나 (Har Khorana)	1968/생리학·의학	유전 암호의 해독과 단백질 합성에서의 기능에 관한 연구
인도	테레사 수녀 (Mother Teresa)	1979/평화	사랑의 선교회 설립, 빈민 구호활동
인도	수브라마니안 찬드라세카르 (Subramanyan Chandrasekher)	1983/물리학	별의 생성과 소멸에 대한 이해에 공헌
인도	아마르티아 센 (Amartya Sen)	1998/경제학	후생경제학에 대한 공헌
인도	벤카트라만 라마크리슈난(V. Ramakrishnan)	2009/화학	리보솜의 구조와 기능에 대한 연구
동티모르	카를로스 벨로 (Carlos Belo)	1996/평화	동티모르 분쟁 해결을 위한 노력

국가	이름	연도/분야	업적
동티모르	주세 라모스-오르타 (Jose Ramos-Horta)	1996/평화	동티모르 분쟁 해결을 위한 노력
방글라데시	무함마드 유누스 (Muhammad Yunus)	2006/평화	극빈층과 여성의 사회적 기회를 확대함
방글라데시	그라민 은행 (Grameen Bank)	2006/평화	극빈층과 여성의 사회적 기회를 확대함
파키스탄	압두스 살람 (Abdus Salam)	1979/물리학	전자기력과 원자구성 입자의 약한 상호 작용 간에 추론 확립
파키스탄	말랄라 유사프자이 (Malala Yousafzai)	2014/평화	아이들과 어린이의 억압에 반대하고 교육을 받을 권리를 위해 투쟁
한국	김대중(Kim Dae-Jung)	2000/평화	한국과 동아시아 전반의 민주주의와 인권에 대한 공로 그리고 남북화해와 평화에 대한 노력
한국	한강(Han Kang)	2024/문학	소년이 온다 (소설)
미얀마	아웅 산 수 치 (Aung S. S. Kyi)	1991/평화	민주주의와 인권을 위한 비폭력 투쟁
북베트남	르 둑 토(Le Duc Tho) (수상거부)	1973/평화	베트남 전쟁을 끝내기 위한 정전협정 마련에 기여
티베트	달라이 라마 (Dalai Lama)	1989/평화	티베트의 역사 및 문화적 전통을 지키기 위하여 인내와 상호존중에 기반한 평화적 해결

한국의 **노벨 과학상은 언제 가능한가**

초판 1쇄 인쇄 2025년 8월 20일
초판 1쇄 발행 2025년 8월 26일

지　음 김상환
살　핌 박원훈
펴낸이 김재광
펴낸곳 솔과학
편　집 바다
영　업 최희선
디자인 본문·표지 장덕종
등　록 제10-140호 1997년 2월 22일
주　소 서울특별시 마포구 독막로 295번지 302호(염리동 삼부골든타워)
전　화 02)714-8655
팩　스 031)422-4656
E-mail solkwahak@hanmail.net

ISBN 979-11-7379-029-4 03400

ⓒ 솔과학, 2025
값 20,000원